0歳からシニアまで キャバリアとのしあわせな暮らし方

Wan編集部 編

はじめに

風になびく美しい被毛を持ち、表情豊かで愛嬌たっぷりな「愛されワンコ」。そんなキャバリアは、かつて英国王室をはじめヨーロッパ貴族の寵愛を受け、今日に至るまで日本はもちろん世界各地で愛されてきました。

この本の特徴は、「0歳からシニアまで」キャバリアの一生をカバーしたものであるということ。飼育書でよくある「これからキャバリアを飼いたい」と思っている人向け、子犬向けの情報だけにとどまらない内容となっています。もちろん、子犬の迎え方や育て方もたっぷりご紹介しているので、キャバリアの初心者さんにもばっちりお役立ち。それにプラスして、成犬になってから役立つしつけやトレーニング、保護犬の迎え方、お手入れ、マッサージ、病気のあれこれに、避けては通れないシニア期のケアをご紹介しています。

キャバリアを長く飼っているベテランさんにも、飼い始めて間もない人にも、そしてこれから飼おうかと考えている人にも、キャバリアを愛するすべての人に読んでほしい……。そんな願いを込めて、愛犬雑誌『Wan』編集部が制作した一冊です。

飼い主さんとキャバリアたちが、〝しあわせな暮らし〟を送るお手伝いができれば、これに勝る喜びはありません。

2021年9月

『Wan』編集部

もくじ

PART 2

キャバリアの迎え方

PART 3

キャバリアのしつけとトレーニング

PART 4

キャバリアのお手入れとマッサージ

PART 5

キャバリアのかかりやすい病気＆栄養・食事

PART 6

シニア期のケア

※本書は、『Wan』で撮影した写真を主に使用し、掲載記事に加筆・修正して内容を再構成しております。

Part1

キャバリアの基礎知識

キャバリアは日本でも根強い人気を誇る犬種ですが、
まだ知られていないこともたくさんあります。
まずはキャバリアという犬種について学びましょう。

キャバリアの歴史

**イギリスの貴族に愛されたというキャバリア。
その由緒ある歴史をひもといてみましょう。**

作業犬から愛玩犬へ

キャバリア・キング・チャールズ・スパニエルは、よく似た「キング・チャールズ・スパニエル」から派生した犬種です。この2つのスパニエルの元となった犬種と考えられるのは、スプリンガー・スパニエル・タイプの小型の犬（フィールド・スパニエルやコッカー・スパニエル）です。イギリスにはこれらの犬たちが何百年も前から存在していました。「スパニエル」とは鳥猟犬（鳥を獲物とする狩猟に使われる犬）の一種で、隠れている鳥を茂みから追い出し（あるいは飛び立たせ）、ハンターが銃で撃ち落とせるようにすることを主な役割としています。

前述のスパニエル・タイプの犬たちもこういった仕事を担う作業犬だったため、小さなサイズの個体は本来なら淘汰《とうた》されなければならない存在だったと思われます。しかし幸いにして、彼ら小さい犬た

ちには愛玩犬（ペット）というもう1つの生き方がありました。作業に不向きな小さなサイズのスパニエルは、小型犬を好む人々によって愛され、ブリーディングを繰り返して〝生粋の伴侶犬〟として定着していきました。

王の名を持つスパニエル

そうして生まれた小さなスパニエル（キング・チャールズ・スパニエル）は、スコットランドのメアリー女王（1542～1567）の寵愛を受けます。さらにイングランド王・チャールズ2世（1630～1685）に至っては人目をはばからぬ溺愛ぶりで、官僚の日記に「公務を果たすよりも犬と遊んでいる」と書かれたほどでした。犬種名にその名前が付いたことからも、王がどれほど愛犬たちをかわいがっていたかがわかると思います。

キング・チャールズ・スパニエルは、貴族のあいだでも人気の犬種となりました。それとともに、祖先である作業スパニエルの姿からは離れていったのです。おそらくペキニーズや、パグなど東洋系の小型犬の血を導入したためで、徐々に体はずんぐりむっくり、頭部は誇張されてドーム形になり、顔は極端に平たくなりました。猟野での作業を行うような本来のタイプとはほど遠く、まさに愛玩犬としての位置付けへと変化していきます。

頭はドーム形、鼻ぺちゃ顔に作られたキング・チャールズ・スパニエル。現在ではキャバリアに比べるとマイナーな存在ですが、16〜17世紀ヨーロッパの上流階級ではペットとして絶大な人気を誇っていました（右・ブラック&タン／左・トライカラー）。

原点回帰でキャバリア誕生！

第一次世界大戦中に中断されていたドッグショーがイギリスで再開されたとき、出場したキング・チャールズ・スパニエルは鼻ぺちゃ顔とドーム形の頭を持つ犬のみでした。見学に訪れたアメリカの富豪ロズウェル・エルドリッジは、「スパニエルらしい犬」が1頭もいなかったので非常にがっかりしたそうです。

そこで彼は、１９２６年のドッグショーで、25ポンドの賞金（当時としては国王の身代金に相当するほどの大金）を「スパニエル本来の姿に近いオールド・タイプで、最高の犬質のブレンハイムのキング・チャールズ・スパニエルに与える」と宣言。この賞金を受け取るのにふさわしい犬を作り出すための機運が次第に高まっていき、ついに１９２８年から3年間にわたって『アンズ・サン』という犬が賞金を獲得しました。この犬が、今日のキャバリアの犬種標準（スタンダード）の作成時のモデルになったのです。

１９４５年、イギリスのケネルクラブ（KC）はキャバリアに独自の犬籍登録を認可し、キング・チャールズ・スパニエルとは別の犬種として公認されました。初期のころからその人気は急上昇し、あっという間に本家であるキング・チャールズ・スパニエルの頭数を追い越してしまいます。その人気は世界各地に広まり、非常に質の良い犬へと改良が重ねられることになったのです。現在では手ごろなサイズとおっとりした気立てで、まさに「ペットの鑑《かがみ》」とも言える犬種となりました。

キャバリアの理想の姿

キャバリアの理想型を示す犬種標準(スタンダード)を紹介。
ドッグショーではスタンダードをもとに審査が行われるため、
この基準が犬種の向上に役立っています。

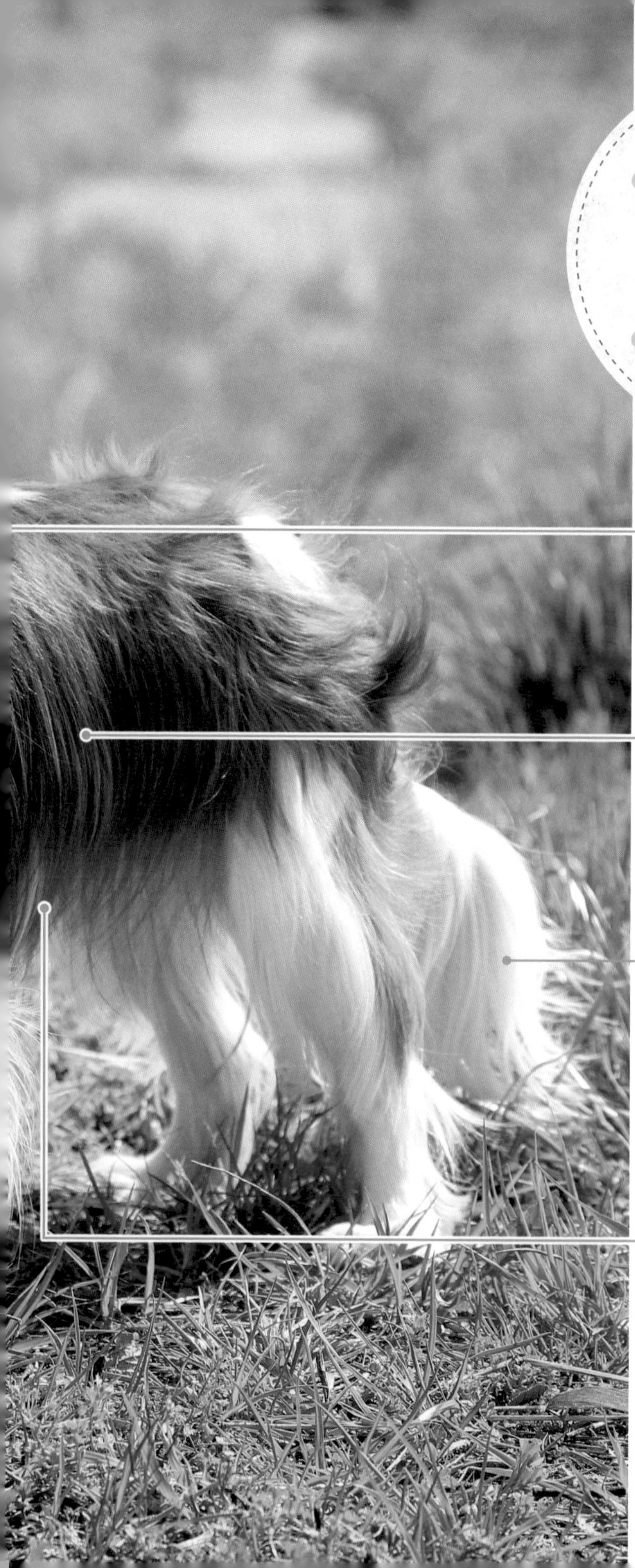

memo

- 全体の外見は、活動的で、優雅で、バランスがとれています。表情は穏やかで、生まれながらの伴侶犬と言えます。
- 体重は5.4 ～ 8kg。

耳
高い位置に付き、長く豊かな飾り毛に覆われています。

ボディ
背は平らで腰は短く、肋骨はよく張っています。

尾（テイル）
長さはボディと釣り合いがとれていて、背の高さよりもずっと上に掲げることはありません。

被毛
長くシルキー（絹糸状）で、カールはしないもののわずかなウエーブは許されます。飾り毛は豊富ながら、とくにカットする必要はありません。

頭蓋（スカル）
両耳のあいだはほぼ平ら。

目
暗色でオーバル（卵型）。アイラインは黒色です。

鼻
黒く、十分に発達しています。肉色の斑点は見られません。

口吻（マズル）
長さは約3.8㎝で、先端に向かって徐々に細くなります。あごは力強く、口唇（リップ）は十分に発達しているものの、垂れ下がることはありません。

首
適度な長さで、わずかにアーチしています。

足
引き締まって弾力に富み、十分な飾り毛で覆われています。

キャバリアの毛色

美しい毛色もキャバリアの魅力の1つ。
公認されている4種類をご紹介します。

ブレンハイム

鮮やかなチェスナット(茶色)のマーキングがパール・ホワイトの地色に分布しています。耳のあいだにひし形の斑（ロザンジュ）があることが、非常に価値があるとされています。

トライカラー

ブラック・ホワイト・タン（褐色）の3色で構成される毛色です。ブラックとホワイトの境目は明瞭で、両目の上、両頬、耳の裏側、胸、四肢、尾の裏側にタンのマーキングがあります。

ルビー

全体が鮮やかなレッド一色。白い斑は好ましくないとされています。

ブラック&タン

ブラックの部分はつやのある漆黒。タンのマーキングが両目の上、両頬、耳の裏側、胸、四肢、尾の裏側にあります。タンは明るい色調です。

キャバリアの毛色の不思議

それぞれに魅力的な毛色の不思議に迫ります。

フシギその1　毛色によって犬の性質が変わる?

かわいらしい顔立ち

ブレンハイム

トライカラー

精悍でしっかりした顔立ち

ルビー

ブラック＆タン

どの毛色でも性格はほとんど変わらず、キャバリアらしい人懐こさを持っています。顔立ちなどはブレンハイムとトライカラーがかわいらしく、ルビーとブラック＆タンが精悍でしっかりした雰囲気の傾向があると言われていましたが、最近はほぼ差がなくなっているようです。

フシギその2　注意が必要なかけ合わせはある?

とくにありませんが、色の美しさや模様のバランスを求めるなら「ブレンハイム同士」や「ブレンハイム×ルビー」などには注意が必要です。

ブレンハイム × ブレンハイム

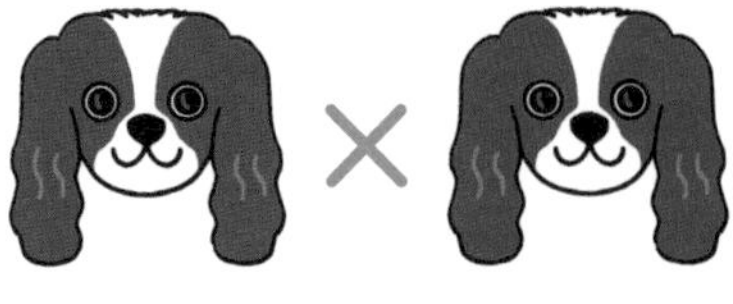

ブレンハイム同士のかけ合わせを長く続けると、色素が薄くなることも。途中でトライカラーやブラック＆タンなど黒い色の犬をかけ合わせるのが一般的です。

ブレンハイム × ルビー

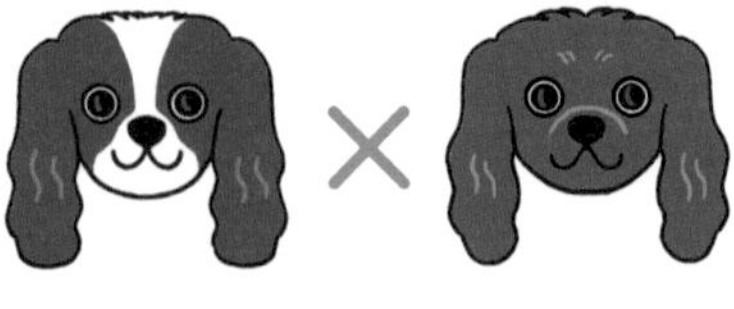

個体によって、白と茶の面積が変わります。きれいな模様になることもあれば、バランスが悪くなることもあります。

フシギ その3 親犬の毛色は子犬にそのまま遺伝する?

基本的に、子犬は両親のどちらかと同じ毛色になる場合が多いです。ただ、「トライカラー同士」や「トライカラー×ルビー」などの組み合わせでは、両親以外の毛色が出ることもあります。

ブレンハイム × ブレンハイム

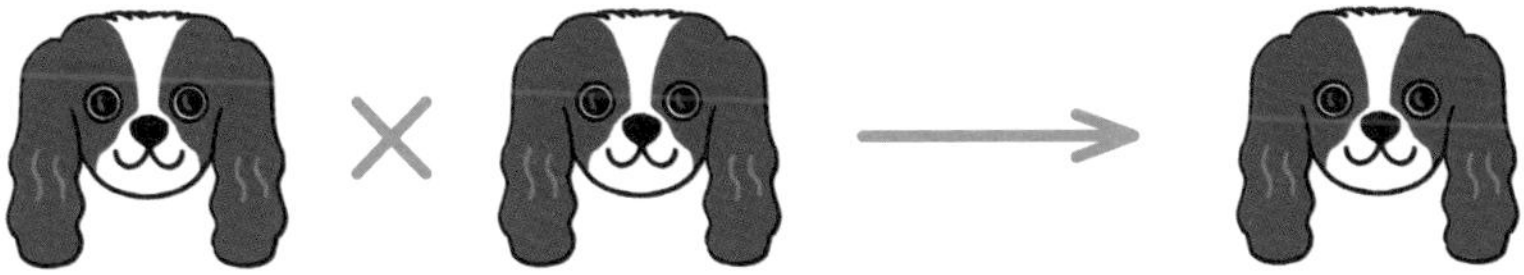

生まれる子犬はブレンハイムの子犬のみ

トライカラー × トライカラー or ブレンハイム

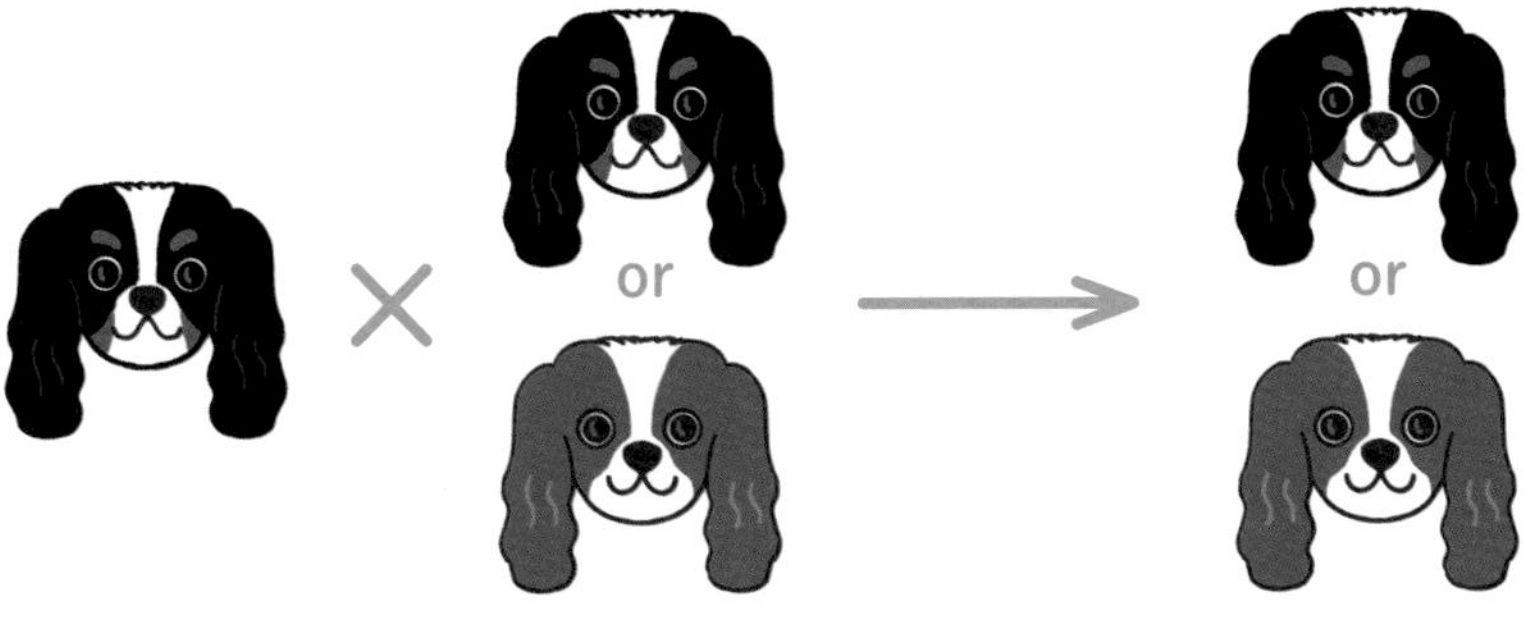

生まれる子犬はトライカラーかブレンハイム。

トライカラー × ルビー

すべての毛色の
子犬が生まれる
可能性があります。

キャバコラム
1

迎えるなら成犬？ 子犬？

「犬を飼うなら子犬から」という考えがまだまだ一般的ですが、
最近は保護犬などで成犬やシニア犬を
迎える動きも出てきています。

保護犬の里親探しでネックになりがちなのは、犬の年齢。成犬やシニア犬は、「子犬のほうがすぐ慣れてくれて、しつけもしやすそう」という里親希望者に敬遠されることが多いようです。

実際は、成犬やシニア犬が子犬と比べて飼いにくいということはありません。むしろ「成長後はどうなるのか」という不確定要素が少ないぶん、迎える前にイメージしやすいというメリットがあります。とくに保護犬は里親を募集するまで第三者が預かっているため、その犬の性格や健康上の注意点、くせ、好きなことと嫌いなこと（得意なことと不得意なこと）などを事前に教えてもらえるケースがほとんど。里親はそれに応じて心がまえと準備ができるので、スムーズに迎えることができるのです。

もちろん、健康トラブルを抱えた犬や体が衰えてきたシニア犬の場合は治療やケア（介護）が必要になりますし、手間やお金のかかることもあるでしょう。しかし、子犬や若く健康な犬でも突然病気になる可能性があります。老化はどんな犬でも直面する問題。保護団体（行政機関）の担当者や獣医師と相談して、適切なケアを行いながら一緒に過ごす楽しみを見つけましょう。

犬と一緒に暮らすとなると、どの年代でもその犬ならではの難しさと魅力があるものです。選択の幅を広く持ったほうが、“運命の相手”と出会える確率が上がるのではないでしょうか。

成犬は性格や好き嫌いが十分わかっていることが多いので、家族のライフスタイルや先住犬との相性など、総合的に判断できるというメリットがあります。

Part2
キャバリアの迎え方

いよいよ「キャバリアを迎えたい！」と思ったら……。
迎える準備、接し方などをチェックしましょう。

Cavalier King Charles Spaniel's Puppy

生後1〜3か月のパピーたち。
きょうだいでじゃれ合う姿はまさに天使のよう……。
いっぱい遊んで、いっぱい眠って大きくなってね。

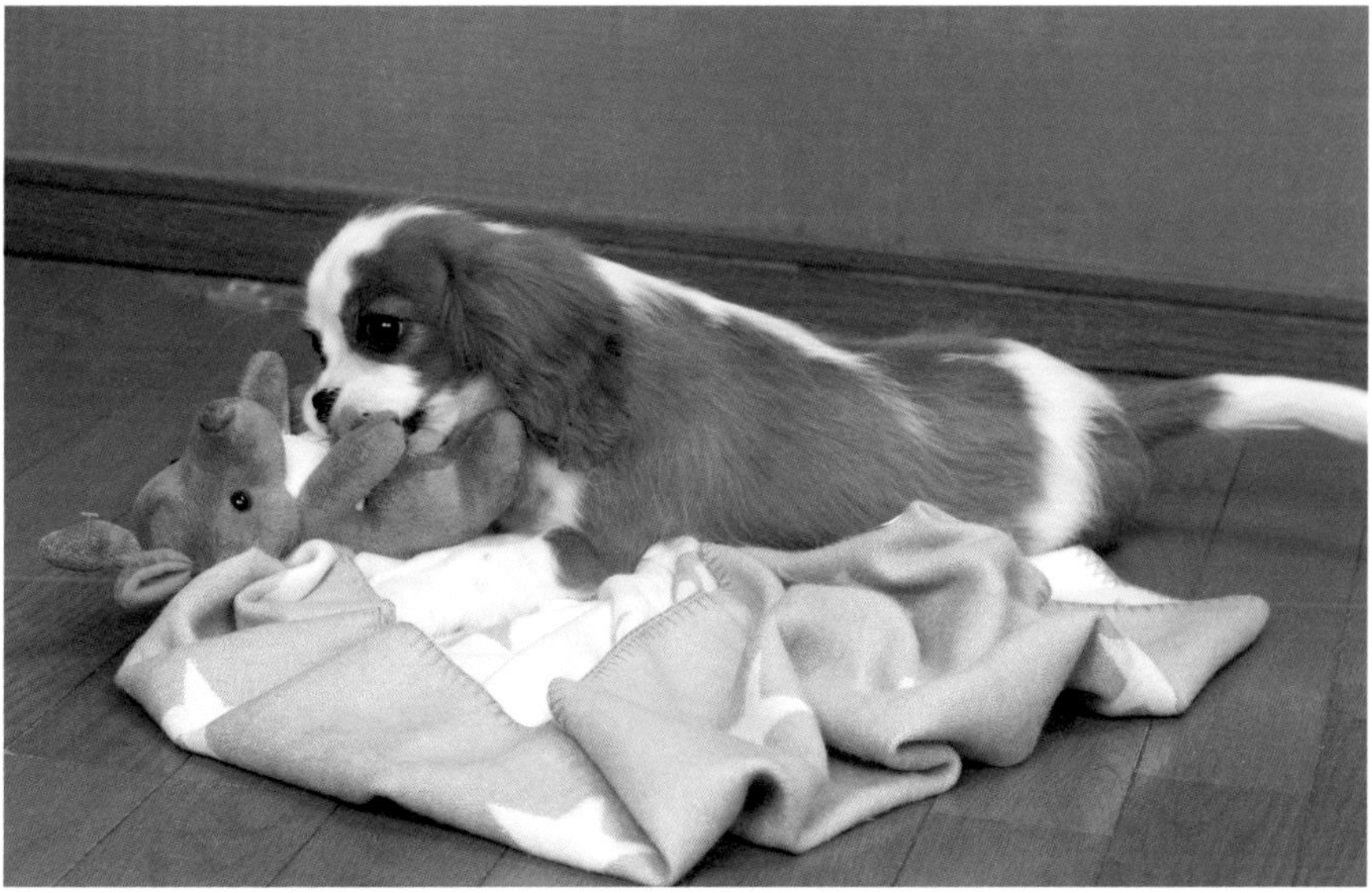

キャバリアを迎える前に

**まずは「子犬から迎える」ケースをモデルに
ポイントを確認します。**

キャバリアの特徴

犬種の特徴を踏まえて、
どんな生活がしたいかを
よく考えます。

キャバリアは全体的に明るく穏やかな性格で、攻撃性が低いという傾向があります。食べものを要求して吠《ほ》えたりほかの犬とケンカすることも少なく、飼いやすいと言えるでしょう。

でもそれは、しつけをしなくてもいいということではありません。甘やかしすぎて、犬と飼い主さんがお互いに依存した関係になってしまうのは良くありません。適度な距離を保った関係を築くことが必要なのです。

また、心臓病など健康上の注意点もあります。動物病院に定期的に通うこと、愛犬の様子をつねに観察することを心がけましょう。

明るくて人懐こいキャラクターはキャバリアの魅力ですが、適度な距離感も大事。

子犬の選び方

どこから、どんな子犬を
迎えるかについて
慎重に考えてみましょう。

子犬が家に来るまで

何度か面会して、
お互いに慣れておきましょう。

どこから子犬を迎えればいいか

ペットショップという選択肢もありますが、飼い方やケアについて詳しく相談ができるブリーダー（できればその犬種専門）から迎えるのがおすすめです。事前に現在のライフスタイルや家族構成、好みを伝えて合いそうな子犬をすすめてもらった上で、自分で判断しましょう。育て方や健康管理などでわからないことがあっても相談に乗ってもらえるので、とくに初めて犬を飼う人には安心です。

どんな子犬を選べばいいか

まずは、自分や家族がどんな生活をしていてどのように犬とかかわりたいか、どんな外見や性格が好みかをブリーダーに伝えましょう。その上で子犬のいる犬舎を実際に訪れ、ブリーダーと相談しながら子犬を直接見て、接して判断してください。親犬とも会い、なるべく長い時間子犬とふれ合うことで、判断しやすくなります。

疑問や悩みがあれば、ブリーダーに質問してみましょう。

最近は2～3回目のワクチン接種が済み、親犬やきょうだい犬と接して十分に社会化した生後75～90日を目安に子犬を渡すブリーダーが多いようです。子犬を決めてから迎えるまでに期間が空くことがありますが、そのあいだに家で準備を整えるのはもちろん、犬舎を訪れて迎える予定の子犬に顔を見せておくのがおすすめ。子犬も飼い主さんもお互いに慣れておけば、一緒の生活を始めるのがスムーズになるはずです。面会の頻度は、ブリーダーと相談して決めましょう。

子犬との接し方

かわいがるのはOKですが、お互いに無理をしない・させないこと。

まずは休ませて、徐々に食事に慣らす

最初は環境の変化で緊張していますので、なるべく刺激しないようにしてください。まずは、用意したケージなどに入れて休ませましょう。10分ほど休ませたら、砂糖かブドウ糖を水で溶かしたものをスプーンなどで与え、緊張で下がりがちな血糖値を上げて体調を整えます（分量などは獣医師やブリーダーに相談してください）。

迎えたばかりのころは食欲があまりない犬が多いため、2～3日間は規定量の6割程度の分量のドライフードをお湯でふやかして与えましょう。犬の様子を見て、食欲があるようなら徐々に量を増やしていきます。毎日の食事については、1日につき与える回数が一定であれば、時間は少しずらしてもいいでしょう。

適度な距離を置く

子犬を迎えると、ついかまったり一緒に遊びたくなったりしますが、最初からべったりしすぎると子犬には負担が大きく、食欲不振になることも。また、飼い主さんとの適切な距離感を教えることができず、後々犬が言うことを聞かなくなってしまうこともあります。ちょっと我慢して、基本のルールを教えることが肝心です。

お互いにリラックスできる関係を目指しましょう。

犬と飼い主さんとの関係ができあがったら、あとは犬の様子を見ながら遊び方を変えてみてください。

キャバリアとの暮らし

ふだんの生活で気を付けたいポイントを頭に入れておきましょう。

最初の数日間は、食事を与えるだけでスキンシップや声かけをなるべく控え、犬が環境に慣れるのを待ちましょう。3週目以降になったら、少しずつ遊ぶ時間をつくります。ただし、迎えてからしばらくのあいだは1回につき5分程度、1日に1~2回までに抑えて、遊びすぎないように。時間は徐々に増やしてみてください。最初の約2か月間は、適度にドライな関係を心がけましょう。

タイミングを厳密に決めない

食事や散歩、遊びなどのタイミングをいつも同じ時間にしていると、その時間になると犬がそれらを要求して吠えたり、たまたま時間がずれてしまったときに不安に思う可能性があります。犬のペースに合わせるのが理想ですが、完全に合わせるのは難しいので、無理のない範囲で設定することが必要。最初のころは意図的に若干ずらしたタイミングにすることで、「多少前後しても大丈夫」と覚えさせましょう。散歩での運動量や遊びの内容は、その犬の成長程度や性格に応じて見直しを。

　コート（被毛）のお手入れも必須なので、習慣づけるようにしましょう。

子犬のころの散歩は、あまり無理をさせずにまず外に出る楽しみを教えてあげましょう。

しつけはほめて伸ばす NOははっきりと

「マテ」などのコマンドを出してやってほしいことを指示し、それができたらほめてあげるやり方が基本です。キャバリアは噛《か》む、吠えるといった問題行動があまり見られない犬種ですが、もしそういう行動があったら強く「NO（ダメ）」と言って、いけないことを教えましょう。

コマンドを教えるときのごほうびは、おやつではなくふだん与えているフードがおすすめ。おやつは嗜好性が高く、一度その味を覚えるとフードを食べなくなることもあるので、与え方には注意が必要です。

定期的に健診を受けましょう

キャバリアが気を付けなければいけないのは、やはり心臓病。定期的に動物病院で健康診断を受けて、早期発見に努めましょう。心臓病を発症しても、早期に発見すれば薬で対処できることもあります。そのためには日ごろから健康状態に気を配り、異変に気付いたら動物病院で獣医師の指示を仰いでください。

　また、肥満は万病の元なので、体重管理も重要です。理想体重は体長・体高・骨密度などによってさまざま。フードのパッケージに書かれている規定量を守るだけでなく、獣医師とも相談しながら体重をコントロールするようにしましょう。

基本をおさえて
キャバリアライフ
を楽しもう！

保護犬を迎える

**保護団体や行政機関で保護された犬を迎えるのも、
選択肢の1つ。
その注意点と具体的な迎え方を紹介します。**

保護犬について知る

保護犬の特徴と
気を付けたい点を
確認します。

保護犬とは一般的に、何らかの事情で元の飼い主と離れて動物保護団体（民間ボランティア）や動物愛護センター（行政機関）に保護された犬を指します。保護犬には、健康上のトラブルを抱えていたり、警戒心が強い犬もいます。そのため、一度新しい飼い主（里親）が見つかってもうまくいかず、なかには保護団体に戻ってくるケースもあるようです。

そのようなミスマッチを防ぐためにも、各団体で定めているガイドラインに沿って慎重に里親希望者との話し合いを進めています。多くの団体では、事前に、里親希望者のライフスタイルや保護犬を飼う態勢についてヒアリング。その結果、飼育が難しいと判断したときは断わったり、当初の希望と別の犬をすすめることもあります。また、病気のケアやシニア期の介護ができるかどうかも重要です。

里親希望者には、保護犬の健康状態を伝えた上で、今後トラブルがある可能性についても説明。その後譲渡へ進みます。保護犬に限らず、犬を飼うということは何が起こるかわからないためです。「5年後10年後まで、犬にも飼い主さんにも幸せに過ごしてほしい」というのが保護活動を行っている団体の多くが持つ思いなのです。

保護犬との生活で大事なのは、「かわいそう」ではなく「この犬と暮らしたい」と思って迎えること。あまりかまえずに、迎える犬を探すときの選択肢の1つとして検討してみましょう。

保護犬には成犬が多いので、性質や特徴を子犬より把握しやすいというメリットがあります。

保護犬の迎え方

保護犬を迎えるための
基本の流れを
チェックしましょう。

※各段階の名称や内容は一例です。保護団体や動物愛護センターによって異なりますので、申し込む前に確認しましょう。

申し込み

保護団体や動物愛護センターで公開されている保護犬の情報を確認し、里親希望の申し込みをします。最近は、ホームページを見てメールで連絡するシステムが多いようです。

どこに
どの犬種がいるかは
タイミング次第なので、
まずはキャバリアの
いるところを
探しましょう

審査・お見合い

メールなどでのやりとりを通じて飼育条件や経験を共有し、問題がなければ実際に保護犬に会って相性を確かめます。

犬との暮らしは、楽しいことばかりではありません。現実をしっかり見つめた上で、その子を受け入れられるかどうか、とことん考えることが大切。お見合いは、そのための情報収集の機会でもあります。

譲渡会など保護犬とふれ合えるイベントも定期的に開催されているので、その機会にお見合いをするのもおすすめです。

新しい
家族ができて
うれしいな

契約・正式譲渡

トライアルを経て改めて里親希望者・団体の両方で検討し、迎えることを決めたら正式に譲渡の契約を結んで自宅に迎えます。

トライアルのための環境チェック

保護団体では、トライアル開始前に、飼育環境などのチェックを行います。これは保護犬の安全と健康を守るために大切なこと。とくに初めて犬を飼う人の場合は、気を付けておきたいことがいろいろあります。

チェック例

- [ ] **家の出入りに危険はないか（玄関から直接交通量の多い道に飛び出す可能性がないか、など）**
- [ ] **室内の階段やベランダなどの安全対策は十分か（危険なところにはゲートを付けるなど）**
- [ ] **散歩の頻度**
- [ ] **トイレのタイミングと場所**
- [ ] **留守番の時間はどのくらいか**

etc

期間は
保護犬の状態に
応じて
変わることも

トライアル

お見合いで相性が良さそうだったら、数日間〜数週間のあいだ試しに一緒に暮らしてみて、お互いの生活に支障がないかを確認します。

保護犬を迎えるまで

里親希望者が気を付けたいポイントは次の通りです。

申し込み

　里親の希望を出す前に、犬を飼った経験や飼育条件（生活環境や家族構成など）をまとめておきましょう。必ず担当者から聞かれるはずです。時には経済状況や生活スタイルの細かい点まで質問されることがありますが、里親と保護犬の快適な生活のために必要なことなので、できる限り対応してください。

　また、人気のある保護犬だと複数の里親希望者が名乗り出ることがあります。そのときは団体（行政機関）側が希望者の飼育条件を元に最も適した人を選びますが、選ばれなくてもあまり気にせず「ほかにもっとぴったりの犬がいる」と思うようにしましょう。

　最初の希望とは別の保護犬をすすめられることもあるかもしれませんが、それは団体や行政側が条件などを考慮した上で「この人（家庭）ならこの犬のほうが良さそう」と判断されたということ。「つねに家に人がいるなら留守番が苦手な犬でも大丈夫なのでは」などの理由があっての提案なので、柔軟に検討を。

保護犬との相性

　飼育条件の確認で問題がなければ、対象の保護犬と直接会って相性を見る段階（お見合い）に移ります。その犬を預かって世話をしている預かりボランティア宅を訪問する場合もあれば、保護団体が開催する譲渡会（里親募集中の保護犬とふれ合えるイベント。主に里親探しと保護活動に関する啓発のために行う）で対面を果たす場合もあります。

　初対面では保護犬は警戒していることが多く、すぐには近寄って来ないかもしれません。そういうときは無理をせず、犬のほうから近付いてくるのを待ちましょう。また、預かりボランティアや担当スタッフから、その犬のふだんの過ごし方や病気・ケガの回復状況、飼うときの注意点などを直接聞いてみてください。

先住犬がいるなら、一緒に連れて行って犬同士の相性も確認してみましょう。

保護犬を迎えてから

保護犬ならではの注意点に
配慮して、できることを
少しずつ広げていきましょう。

保護犬との生活

犬は本来適応力が高く、保護犬でもすぐ新しい環境になじむケースが少なくありません。とくにキャバリアは、もともと明るくて協調性があり飼いやすい性質の犬種なので、そう難しくないでしょう。

しかし保護犬、とくに成犬の場合は、以前飼われていた家での習慣が身に着いていることもあります。飼い主は自身の生活スタイルに応じて、愛犬に新しく教えたり、習慣を変えさせたりしなければならないことも。反対に、飼い主側が自分の生活スタイルをある程度愛犬に合わせなければならないこともあります。

ブリーダーやペットショップから迎える場合と同じように、犬の様子を見ながら対応することが大事です。キャバリアは基本的に人懐こい性格の犬が多いものの、それまでの経験から人と距離を置いていることもあります。無理のない範囲で少しずつ距離を縮めていきましょう。

新しい環境に置かれた犬はまず、危険がないか周囲を観察します。そのあいだは手を出さず、食事やトイレなど最低限の世話だけして、犬が環境に慣れて自然と寄ってくるまで放っておくようにします。どれくらいの期間で慣れるかは犬によりますが、犬自身のペースに合わせることで信頼関係が生まれます。

もし健康管理やしつけなどで壁にぶつかったら、譲り受けた保護団体や動物愛護センターに相談することも可能です。多くの団体や行政機関では、譲渡後の相談を受け付けています。その保護犬を世話していた担当者やほかの里親さんがアドバイスしてくれるはずなので、協力をあおぎましょう。

保護犬には、複雑な事情を抱えている犬もいます。幸せにするには、周りの人と協力して犬と向き合うことがカギになります。

Part3

キャバリアのしつけとトレーニング

かわいがるだけではなく、節度ある関係を築くのが理想的。飼い主さんと愛犬がお互い気持ち良く過ごすため、基本のしつけやトレーニングを行いましょう。

基本のしつけ

**飼い主さんと愛犬がお互い気持ち良く過ごすための
マナーを身に着けましょう。**

フセ

まずは基本のコマンドを
マスター。自然に「フセ」の
姿勢をとらない場合は、
最初にどういう姿勢なのかを
教えます。

1

犬が好きなオモチャ、おやつなどを用意し、注意を引きます。

2

オモチャやおやつの位置をL字を描くように下げて、犬の目線を下げます。これで「フセ」の姿勢になればOK。

できない場合は?

1 犬の脇の下に手を入れ、ゆっくりと上から下へ力をかけます。

緊張する キャバリアには……

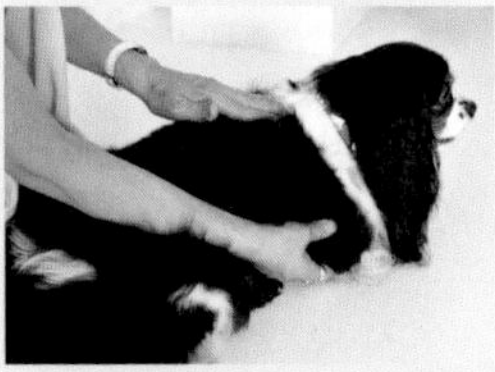

キャバリアにはおとなしくていい子が多いのですが、人見知り・犬見知りをする場合もあるようです。知らない人に緊張するワンコも結構いますよね。まずは目を合わせず、静かにおやつをあげてもらうと慣れやすいのでおすすめ。初めての場所に緊張してしまう場合は、ワンコが好きなオモチャやおやつで気を引き、リラックスさせてあげましょう。それすら受け付けないほど緊張していたら、マッサージを試してみるのもいいですね。飼い主さんの緊張はワンコに伝染するので、明るく大らかな気持ちで接してあげましょう！

2

ワンコが体を落としたら、肘を持って両前足を少し前へ。「フセ」の姿勢をとらせます。

「フセ＝この姿勢」
ということを
認識させましょう
フセ！

3

「フセ」の姿勢ができたら、「フセ」と声に出して呼びかけます。

マテ

これも基本中の基本。
このコマンドが
マスターできると、
ドッグカフェなどへの
外出時にも役立ちます。

マテ

オスワリ・マテ

「オスワリ」でお座りさせた後、「マテ」と声をかけます。そのとき、動きを制するように手を前に出します。

マテ

フセ・マテ

「オスワリ・マテ」と同様に、フセをさせた後に「マテ」と声をかけます。犬が動いた場合はやり直します。

引っ張る子が多いのは本当?

キャバリアは愛玩犬ですが、祖先には猟犬の血も流れています。ですから、地面のニオイを嗅《か》いでジグザク歩行したり、リードを引っ張ったりするのも、あり得る話です。また、小型犬のなかでは体が比較的大きく力もやや強いので、余計にそう感じるのかもしれません。

ツケ

お散歩時に、“引っ張りグセ”の
あるキャバリアも多いよう。
「ツケ」をしっかり覚えて、
快適なお散歩を
実現しましょう。

1

「ツケ」と声をかけながら、自分の足元（かかと付近）に犬を座らせます。きちんとできたら、ほめながらごほうびを与えます。

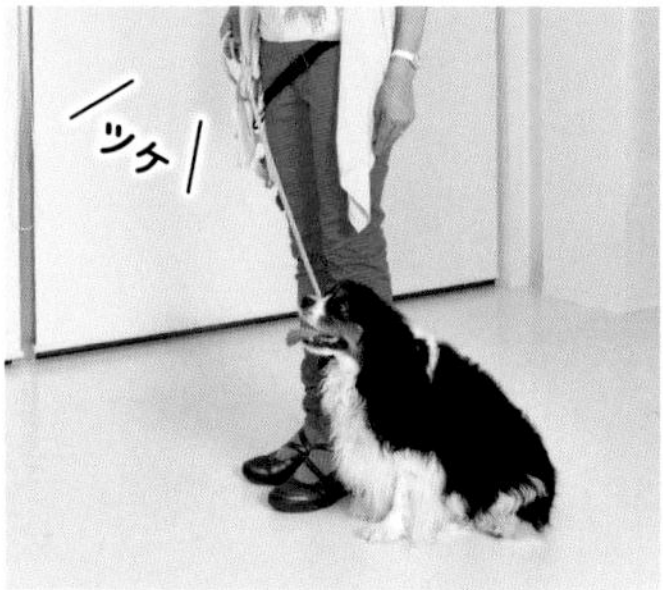

3

誘導し、もう一度「ツケ」の位置まで戻します。横につけたら、再び前に進むことを許します。

指示以外の
ことをしたり、
引っ張った
場合には
立ち止まって
制止

2

指示なしに犬が進んだら、立ち止まって前に行かせないようにします。

5

軽く走りながらでもOK。左横につくルールさえ守れれば、最初は犬がやりやすい速度から始めてかまいません。

4

飼い主さんの体の真横くらいに犬が来るよう、コントロールしながら歩きます。

オモチャ遊びのコツ

オモチャ遊びでも、
必ず飼い主さんが
リードしましょう。

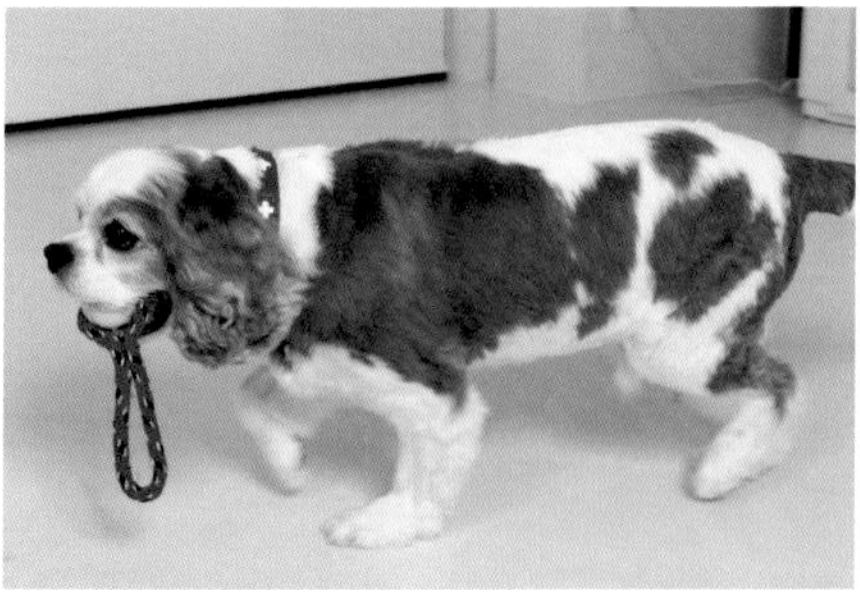

1 「モッテコイ」遊びでは、必ずオモチャを飼い主さんのところに戻させることが大事。

おやつ
鼻先に近付けて
ニオイを嗅がせると、
比較的簡単に
離してくれます

2 くわえたまま引っ張っても離さない場合は、片方の手におやつなどを持ち、犬の注意を引き付けて、オモチャと交換します。

1 基本を押さえましょう！

キャバリアは穏やかな性格の犬が多く、問題行動が少ない印象です。基本的なしつけや「ツケ」、「マテ」などのコマンドを覚えさせておけば、それだけでもかなり人との社会生活を送りやすく、“どこに行っても困らない子”になれます。

2 いろんな経験を積ませてあげて！

子犬のころから、なるべくたくさんの人とふれ合うようにしましょう。ワクチン接種が終わっていない時期でも、家族以外の人に抱っこしてもらうなどすると効果的。とくに1歳までにそういう経験を積ませてあげると、人見知りしないワンコになって、その後の犬生が楽しくなります！

3 飼い主さんがイニシアチブをとる！

キャバリアは愛玩犬ですが、かわいがるだけではNG。飼い主さんが日ごろの行動でイニシアチブをとり、ワンコが恐れを感じずに飼い主さんに喜んで従うという理想的な関係を築きましょう。

キャバリアとの遊び方

**体を動かしてストレスを発散させたり、
飼い主さんとコミュニケーションをとったり……。
「遊び」はワンコにとって大切なお楽しみです。**

遊ぶ理由

心身の健康のためにも
「遊び」は大切です。

キャバリアのような活発な犬の場合、1日3時間ほど体を動かせる生活が理想的。毎日の散歩に加え、室内遊びで運動不足を補いましょう。

また人と同じで、犬も退屈だとストレスがたまります。体や頭を使う遊びは、愛犬のストレス解消にも役立ちます。さらに、一緒に遊ぶと飼い主さんと愛犬の信頼関係が深まります。遊びを通じて、「飼い主さん主導」の関係性をワンコに学ばせることができるでしょう。

スロー&レトリーブ

飼い主さんが投げた
ボールやディスクを
持ってくる遊びです。

飼い主さんが投げたオモチャを、ワンコがくわえて持ってくる遊び「スロー&レトリーブ」。しかし、実際はこんな風にうまくいかないことも……。まずはロープのオモチャなどを使った「引っ張りっこ」から始めて、「投げたものを持ってくる楽しさ」を教えてあげましょう。

練習の流れ

練習に使ったオモチャ

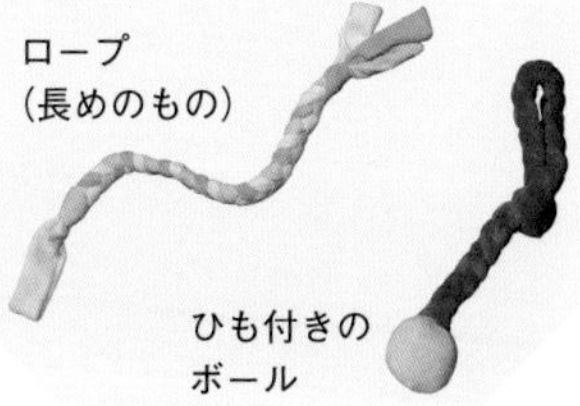

① ロープに興味を持たせる

✕NG

「ほらほら、楽しいよ〜」などと押しつけないように。

ワンコの前でロープを動かしたり見えないところに隠したりして、「あれが欲しい！」と思わせます。

②「引っ張りっこ」をする

ワンコがくわえたらタイミングを見て手を離し、負けてあげましょう。負け役を上手に演じることが、やる気にさせるコツ。

✕NG

引っ張りながら「ちょうだい」などと言わないように注意。ワンコが「ちょうだい＝引っ張りっこ」と勘違いしてしまいます。

③ 口を離させる

タイミングを見て、「ちょうだい」などと声をかけます。

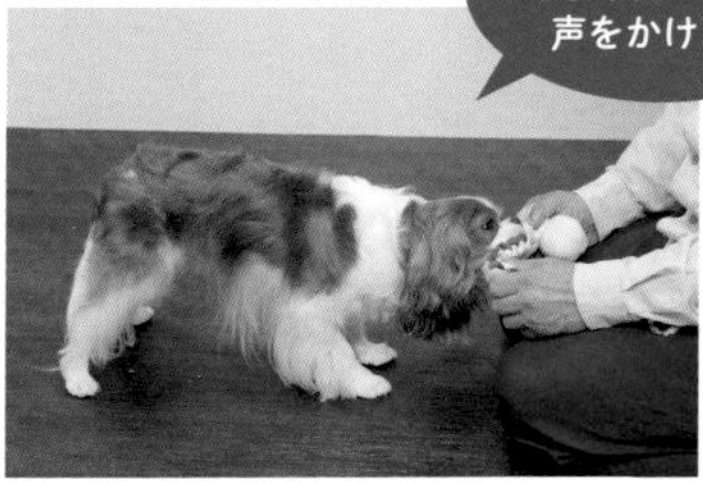

ワンコがしっかりくわえているとき、ロープを短く持って固定します。ロープが動かなくなるとつまらなくなり、自分から口を離します。

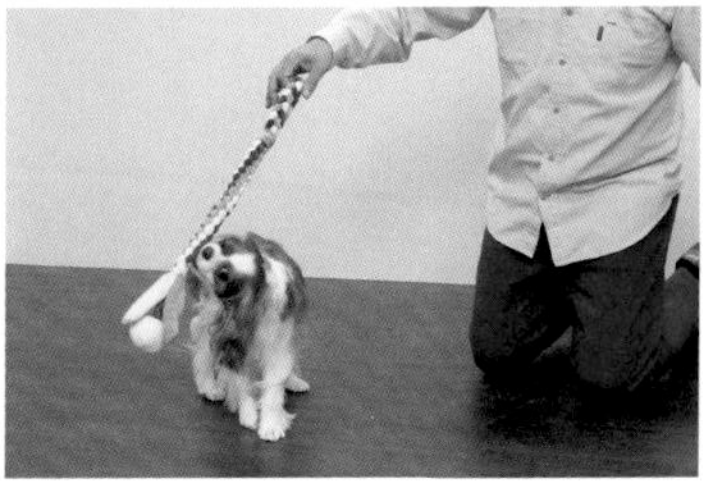

口を離したらすぐに再びロープを動かして遊びます。「くわえたものを離したら楽しいことが続いた」と思わせます。

④ ひも付きのボールで挑戦

ひも付きのボールなど、「ボールにイメージの近いオモチャ」を使って、①〜③と同様に遊びます。

遊びはワンコが飽きる前にやめる

遊びをやめるタイミングは飼い主さんが決めましょう。ワンコが持ってきたオモチャから口を離したら、おやつと交換してオモチャを片付けます。初めは２～３往復程度で、楽しい印象のまま終わらせます。

⑤ ひもがないオモチャで挑戦

しっかり興味を持たせてから……

①のようにしてオモチャに十分に興味を持たせてから、ボールなどひもの付いていないオモチャを投げてみます。取り上げたら焦らさずにすぐ投げることが飽きさせないコツ。

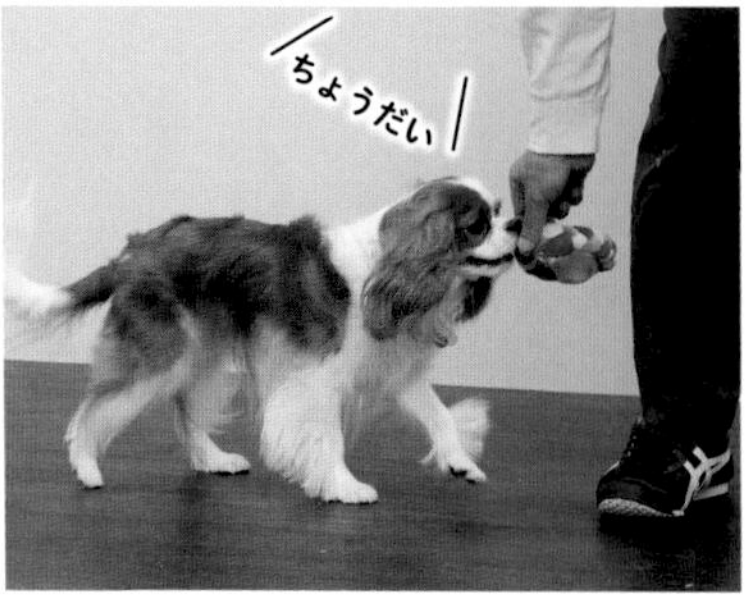

知育玩具でおやつ探し

遊びの要素として、
運動だけでなく
頭を使うことも大切です。

「知育玩具」とは、ワンコが「考えながら遊べる」オモチャのこと。

思索中

「どんなヒントを与えれば取り出せるか」、ワンコと一緒に考えるから楽しい！

アイデアが降りてくるのを待つ↓

頭の体操にもなる上、暇つぶしにもぴったり！

退屈な時間に“仕事”を与えましょう！　しかし、いきなり難易度が高いものを与えると壊してしまうので要注意。

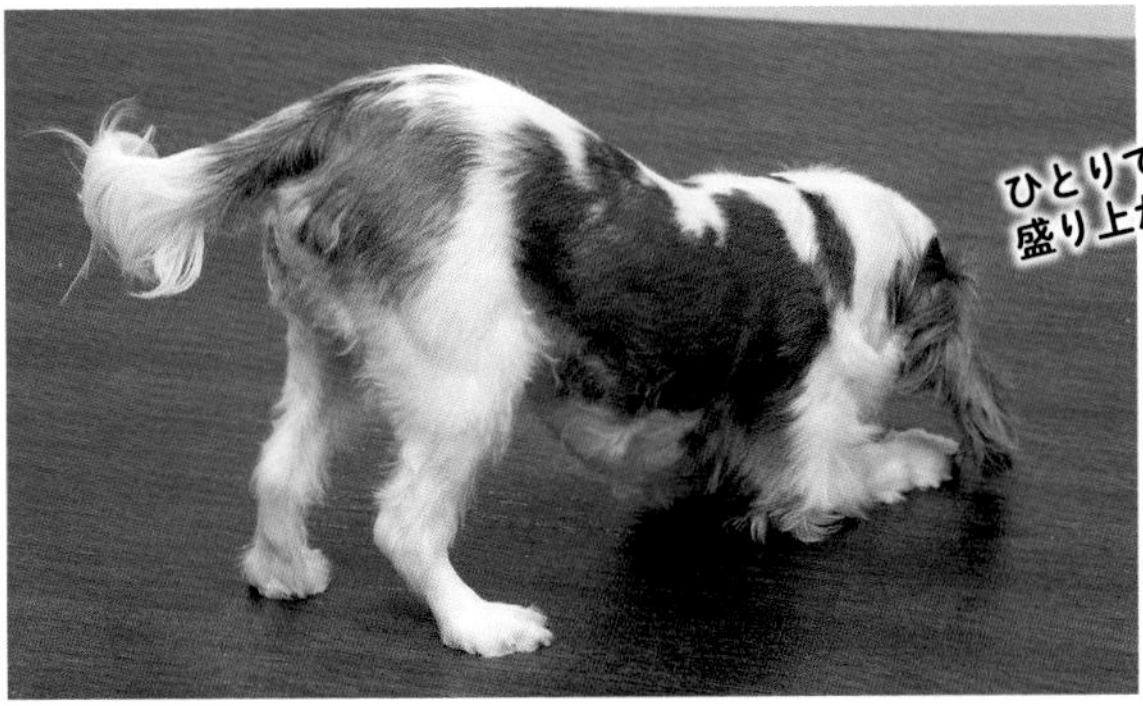
ひとりでだって盛り上がれちゃう！

飼い主さんが、家事などで目を離さなければいけないタイミングに与えるのがおすすめです。

いろいろな知育玩具

形やサイズはさまざまですが、ルールはひとつ！ それは、「オモチャの中に隠されたおやつを取り出して食べること」です。最初はシンプルな形のものがおすすめ。

練習の流れ

① オモチャに興味を持たせる

おやつ →

最初は、オモチャの中におやつを入れずに行います。まず床におやつを置き、その上にオモチャを乗せて隠します。

モチベーションの
源は食欲！

② オモチャとおやつを関連づける

おやつのニオイにつられてワンコが近寄ってきたら、飼い主さんがオモチャをどけておやつを食べさせます。

③ 自分でオモチャをどけさせる

おやつ
どこ？

①と同様におやつとオモチャを置き、飼い主さんは近くで見守ります。ワンコが自分でオモチャをどけて、おやつを食べることができたら成功。

④ 出てきやすいおやつを オモチャの中に入れる

オモチャの中に、小さく砕いたおやつを入れます。「オモチャを転がす→おやつが出てくる」ことで、「これで遊ぶとおいしいものが食べられる」ことを教えます。

⑤ ワンコに合わせて 難易度を上げていく

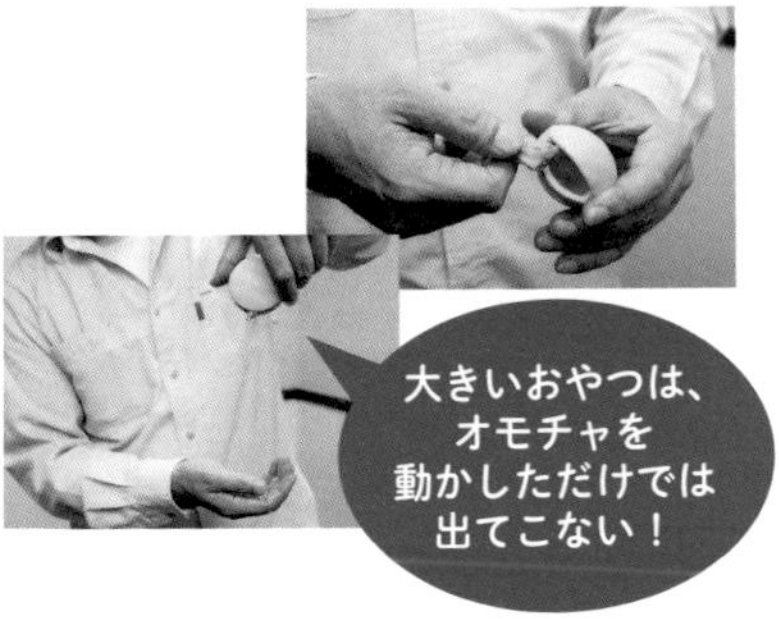
大きいおやつは、
オモチャを
動かしただけでは
出てこない！

中に入れるおやつを大きめ（オモチャから出にくいサイズ）にして、ワンコが飽きずに遊べるようにします。

さらにデキる子には……

パーツをずらして中に隠されたおやつを探すタイプも。

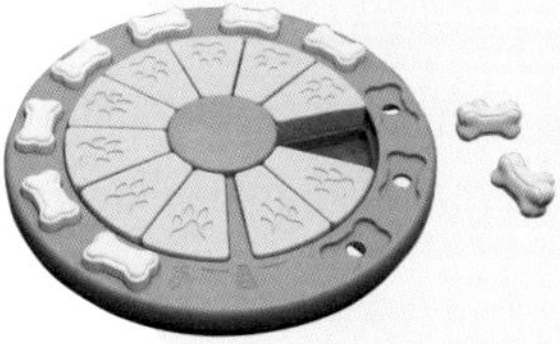

回転する上のパーツを回して上下の「穴」を合わせると、中にあるおやつを食べられます。

memo

ペット用の知育玩具以外を使うときは、飼い主さんの目の届かないところで使わせないようにしましょう。

お〜や〜つ〜が〜
と〜れ〜な〜い〜

専用のオモチャ以外に、深さのあるプラスチックのカップなどでも「おやつ探し」を楽しめます。

遊びながらエクササイズ

愛犬と一緒に遊ぶと、
飼い主さんの運動にも
なるかもしれません。

① 腕くぐり

不安定な姿勢を
キープすることで、
二の腕や下腹の
引き締めに!?

飼い主さんは床に座ります。片方の腕で輪を作り、その中をくぐるようにおやつでワンコを誘導します。

③ レッグ・ハイジャンプ

足を上げ続ける
ことで、
下腹と足の
引き締めに!?

飼い主さんは床に座ります。片足を床から少し上げて真っ直ぐに伸ばし、足を飛び越えるようにワンコを誘導します。

② 足くぐり

かがんだ姿勢で
上体をひねることで、
脇腹や背中の
引き締めに!?

飼い主さんはゆっくりと歩きながら低い位置でおやつを持ち、ワンコが「8の字」を描くように、順に飼い主さんの足のあいだを通るように誘導します。

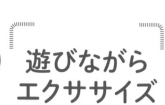

Part4
キャバリアのお手入れとマッサージ

美しい被毛をキープするには、日々のお手入れが欠かせません。体のお悩みに合ったマッサージも取り入れて、健康維持に役立てましょう。

お手入れの基本

キャバリアらしいエレガントな姿をキープするための第一歩として、お手入れの基本を学んでおきましょう。

お手入れは高いところで

トリミングサロンではブラッシングやドライヤーをかけるとき、専用のテーブルに犬を乗せます。これは、犬が逃げたり暴れたりするのを防ぐため。飛び降りられない高さにいれば、ほとんどの犬はおとなしくなります。自宅でも、お手入れするときは少し高い台の上などに乗せてみましょう。適当なテーブルや台がない場合は、洗濯機の上などで試してみても。ただし、作業中に犬が飛び降りると重大な事故につながることもあるので、十分な注意が必要です。高いところを嫌がったり、飛び降りたりしようとする子は、床でお手入れを。フローリングなど滑りやすい床は、タオルを敷くなどして滑らないようにしましょう。

抜け毛対策にも

キャバリアは意外と抜け毛が多い犬種。コートをキレイに保つだけでなく、抜け毛を減らすことも考えながらお手入れをする必要があります。

欠かせないのが、アンダーコートのケア。キャバリアのコートは、表面に見えているサラリとした毛（オーバーコート）の下に、やわらかく短い毛（アンダーコート）が生えた二重構造になっています。コームの使い方をひと工夫して、古いアンダーコートを取りのぞくようにしましょう。

道具の使い方

道具を正しく扱わないと、
愛犬に負担をかけることにも
つながります。

コームの持ち方

背を指の腹に当てて、
親指、人さし指、中指
で軽く持ちます。

スリッカーの持ち方①

柄の付け根近くを鉛
筆のように持ち、中
指の先を裏面に軽く
添えて安定させます。

スリッカーの持ち方②

中指〜小指
は、軽く添
えるだけ。

ボディなど広
い面をとかす
ときは、柄の
中ほどを親指
と人さし指で
軽く持ちます。

コームは皮膚に対して垂直に当てます。力を入れず、コームの重みを利用して、毛の流れに沿って上から下へとかします。

●使い方のポイント●

スリッカーのピンは鋭いので、とかす前に飼い主さんの肌に当ててみて、痛くない程度の力加減を確認します。

ブラッシング

毛に付いたほこりや
抜け毛などを取りのぞき、
毛の流れを整えます。

これで
とかすよ〜

1 ワンコにスリッカーを見せ、ニオイを嗅がせます。お手入れはすべて、道具を見せることから始めましょう。

飾り毛は、ごみが
付きやすいので
ていねいに。

2 ブラッシングは、心臓から遠いところから始めるのが基本です。まずはスリッカーで足をとかします。

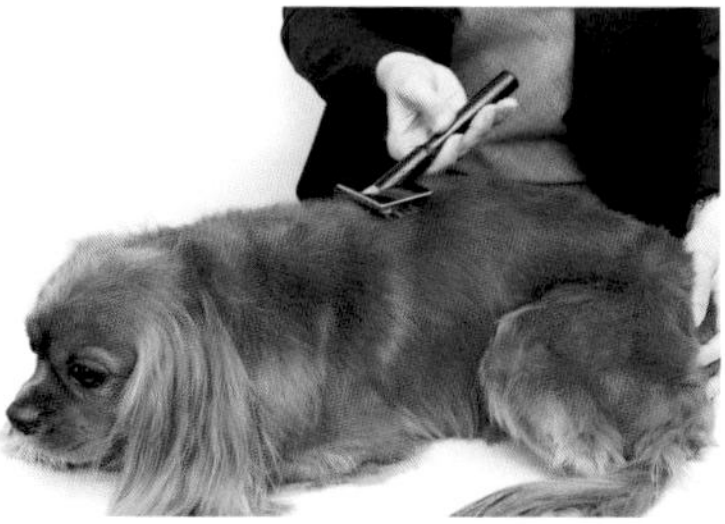

3 ボディをとかします。おうちでのブラッシングは、犬がリラックスできる姿勢で行えばOK。無理に立たせる必要はありません。

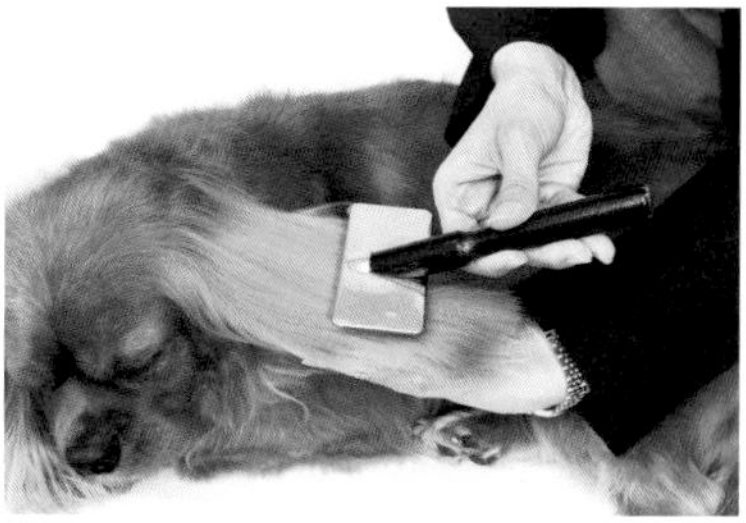

4 耳をとかします。耳の下に左手を添え、手のひらの上に毛を広げるようにしてとかします。

5 モデル犬のように、耳の裏側にバリカンを入れず、毛を多く残している場合は、耳の裏の毛も同様にとかします。

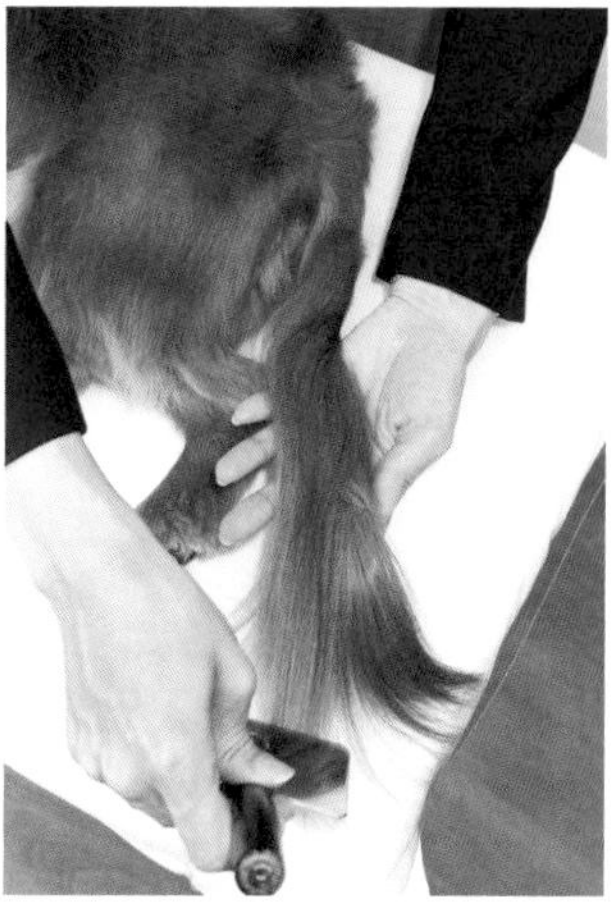

6 しっぽをとかします。毛流に沿って、しっぽの付け根から先まできちんととかします。

7 毛の流れを整え、毛玉がないか確認するため、スリッカーでとかしたところをすべてコームでとかし直します。

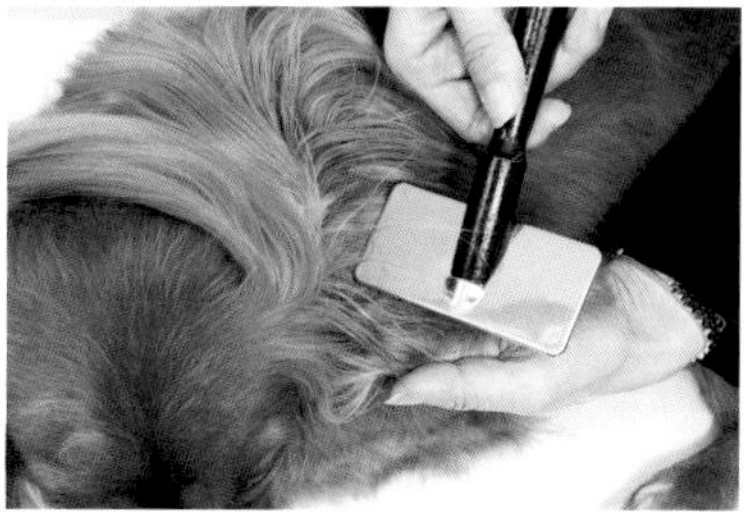

8 引っかかったらいったんコームを抜き、その部分をスリッカーでとかし直します。

memo

脇、内股、耳はとくに毛玉ができやすいので、ていねいにブラッシングをしましょう。

歯みがき

歯周病や口臭予防のために、
毎日行うのが
おすすめです。

歯みがきをしてほしい理由

犬の歯に付いた汚れ（歯垢）は、数日で硬い歯石となり、歯周病や口臭、歯ぐきの病気などの原因になります。シニアになっても自分の歯でごはんが食べられるようにするためには、毎日のケアが欠かせません。

歯みがきに慣れていない子は……

歯みがきを嫌がるワンコは、飼い主さんの体に密着させるように抱っこします。しっかり&やさしく抱っこして、ワンコに「大丈夫」と伝えましょう。また、どんなお手入れもまずはワンコの名前を呼び、安心できる雰囲気をつくることが重要です。

使う道具

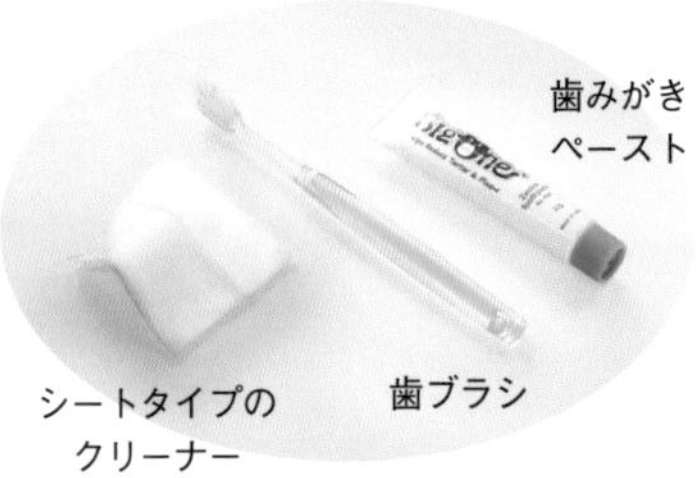

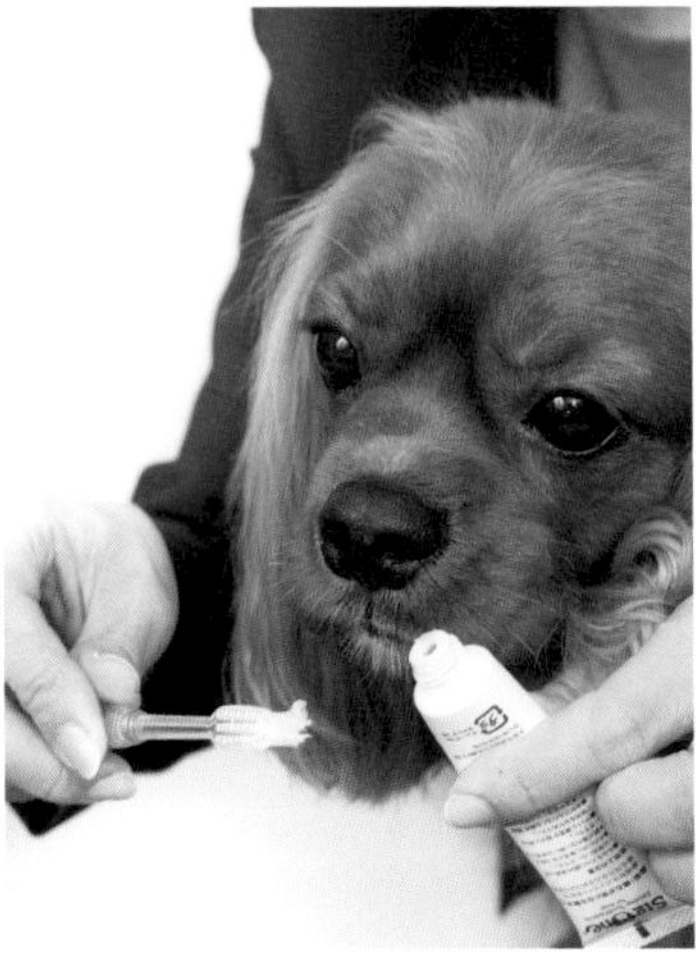

1 歯ブラシに犬用の歯みがき用ペーストを付けます。犬が好む風味のものを選ぶことで、歯みがき嫌いの改善にも役立ちます。

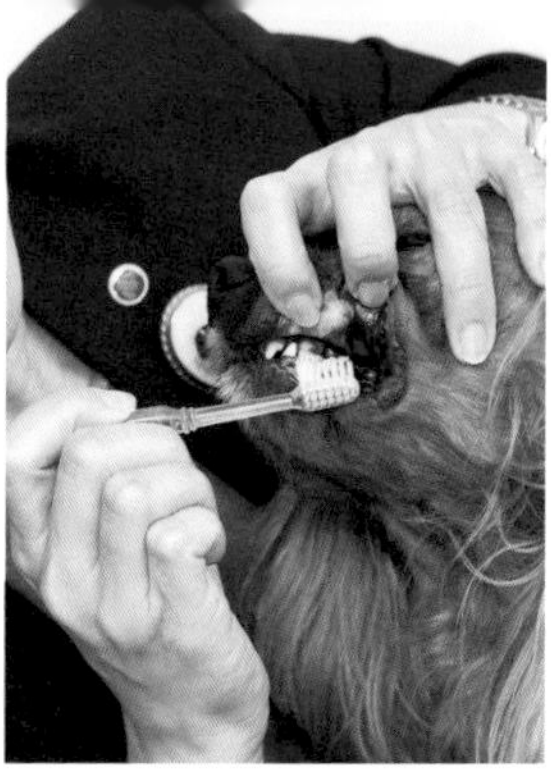

2

左手で上唇をめくって押さえ、上下の奥歯→犬歯をみがきます。

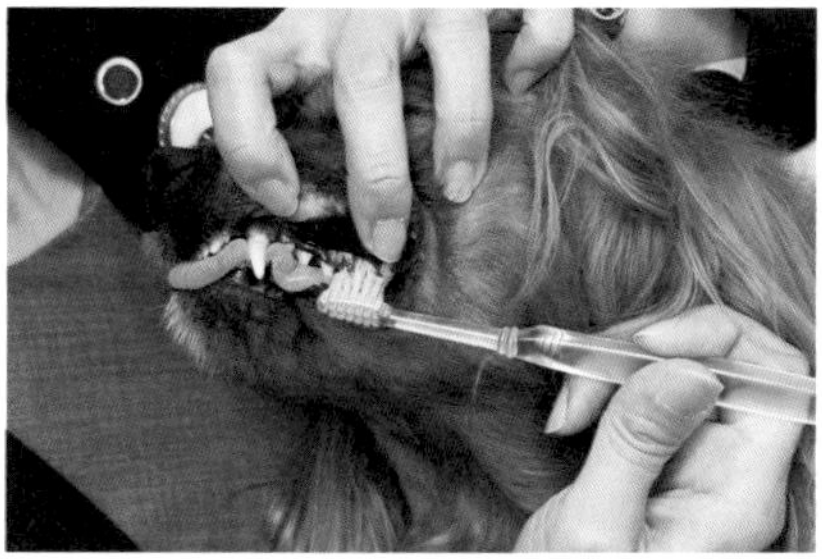

3

歯垢がたまりやすい歯と歯ぐきの境目にブラシの毛先を当て、力を入れず、小刻みに前後に動かします。

4

上下の前歯も、同様にみがきます。

5

歯ブラシの代わりに、シートタイプのクリーナーを使う方法も。クリーナーは、人さし指に巻き付けて使います。

指の腹側に
厚めに巻くと
使いやすい！

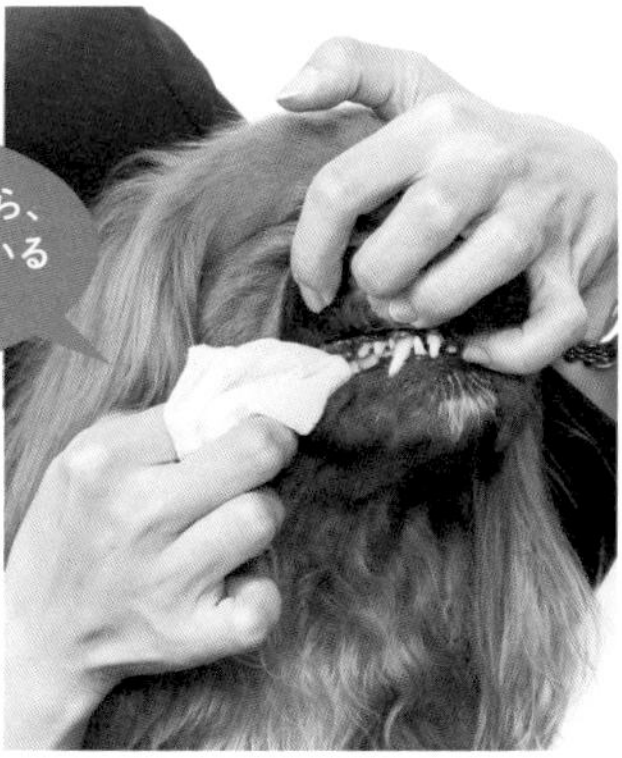
ヌルヌルしたら、
歯垢が付いている
証拠！

6

上唇をめくり、歯と歯ぐきの境目に指の腹を当てて、軽く力を入れてこすります。

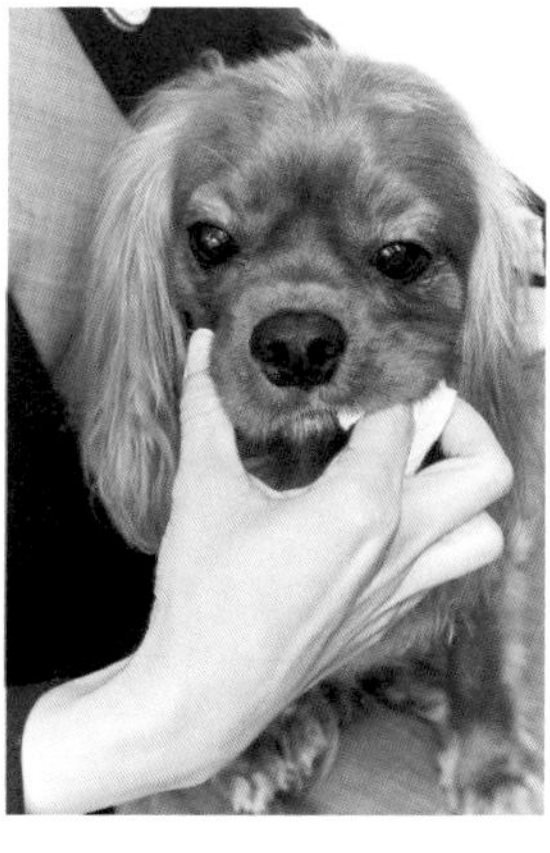

7

できれば、軽くマッサージするように、歯ぐきもこすっておきましょう。

目の周り

涙や目やにで汚れやすい
目の周りは、
こまめにお手入れを！

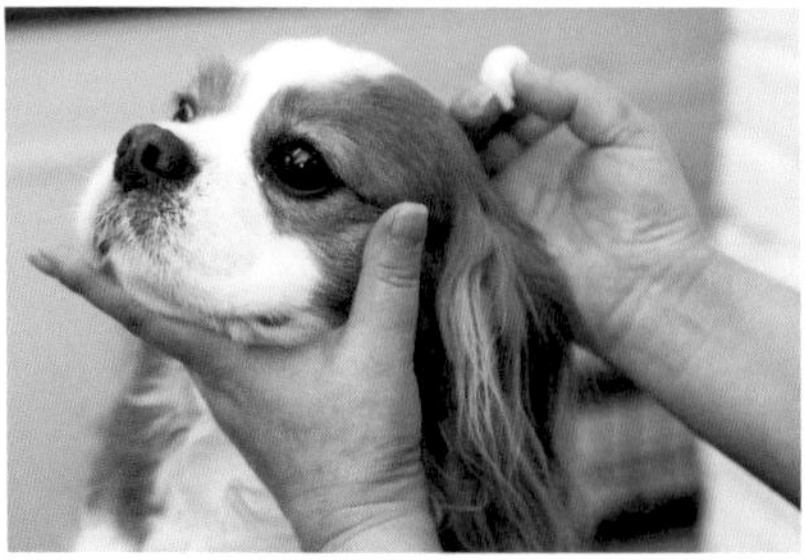

1 左手の手のひらに犬のあごを乗せ、しっかりと押さえます。

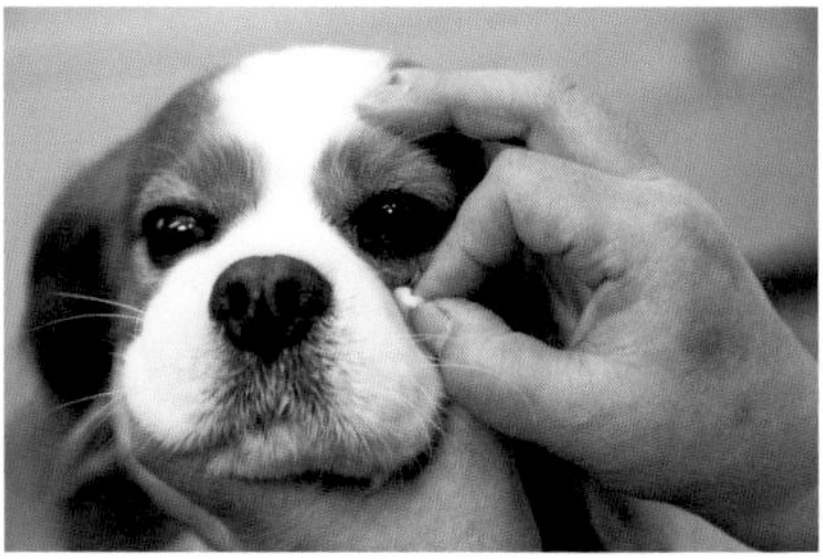

2 ぬるま湯で湿らせたコットンで、目頭～目の下を軽くこすります。

爪切り

爪切りが苦手な犬は、
2～3日に1回
ヤスリでケアを。

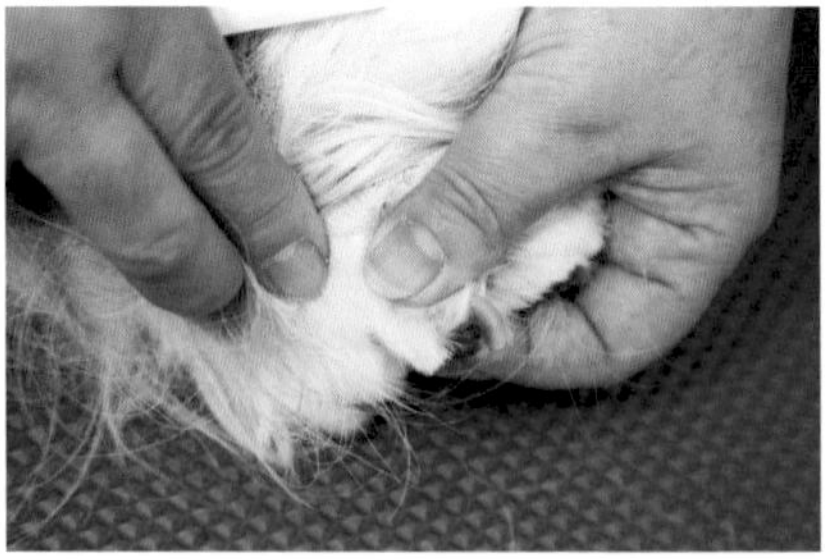

1 パッド（肉球）の下に左手を入れ、親指を爪の根元に当ててしっかり押さえます。

POINT

ピンクに見えるところまで血管が通っているので、先端の白い部分だけを切りましょう！ ピンクの部分まで切ると犬が痛みを感じ、出血するので注意です。

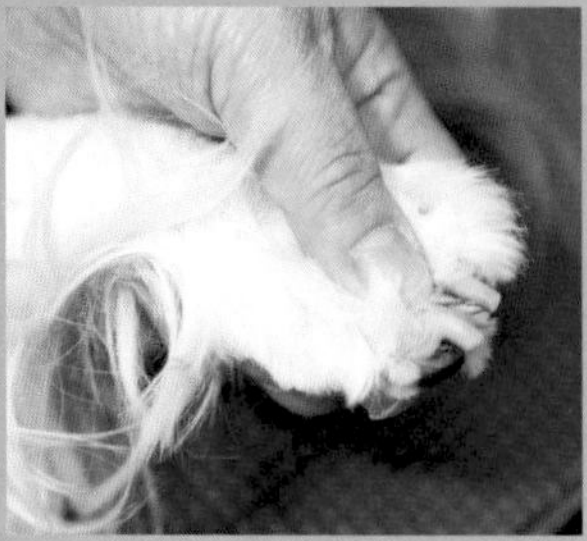

POINT

爪の根元ぎりぎりのところを押さえないと、切ったりヤスリでこすったりしたときに爪が動き、犬が嫌がります。

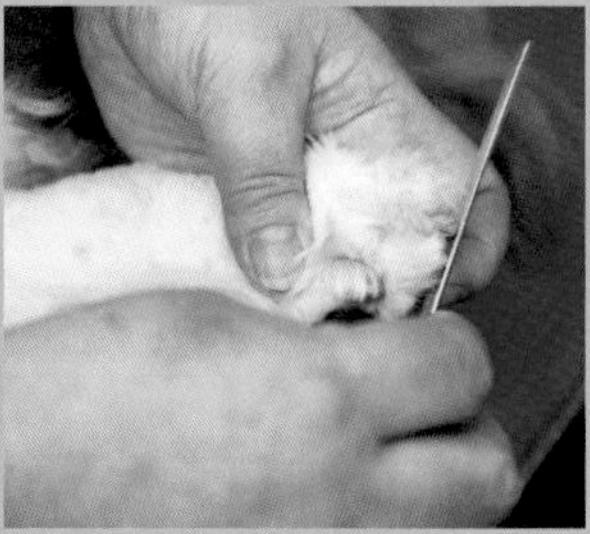

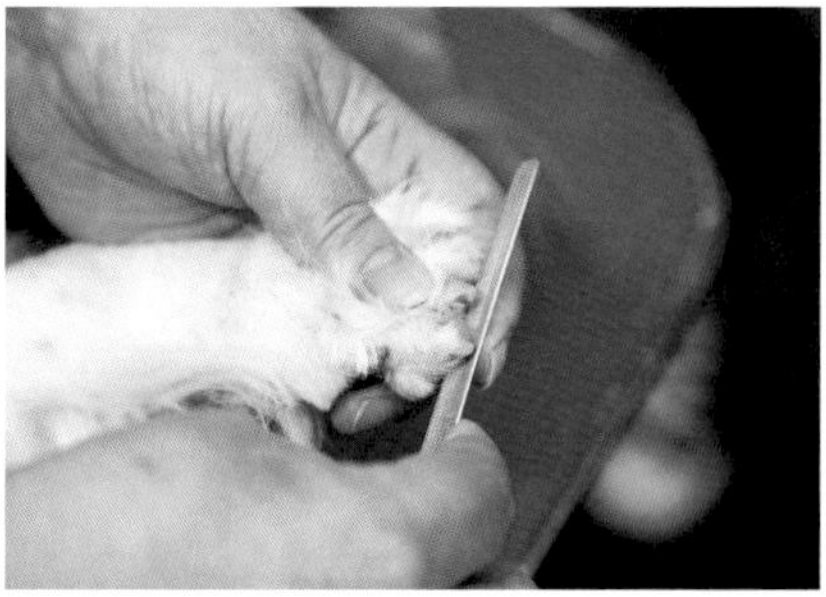

2 あまり伸びていない場合は、ヤスリだけでOK。爪の角を落とすようにヤスリを当て、軽くこすります。

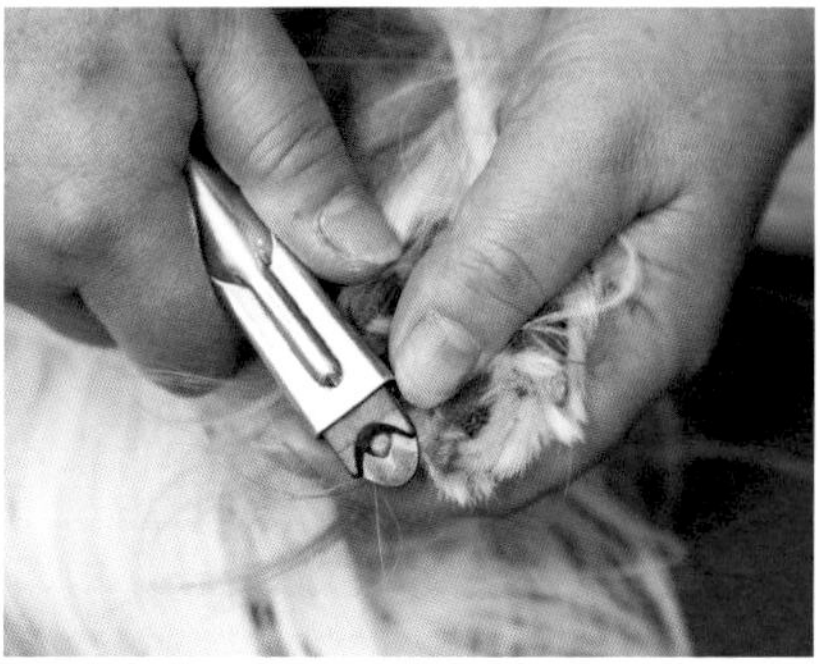

3 爪切りを使うときは、爪切りをパッドに対して平行に当てると切りすぎを防げます。切った後は、②と同様にヤスリをかけます。

シャンプー

すすぎ残しは
皮膚トラブルの原因に。
しっかりシャンプー剤を
落としましょう。

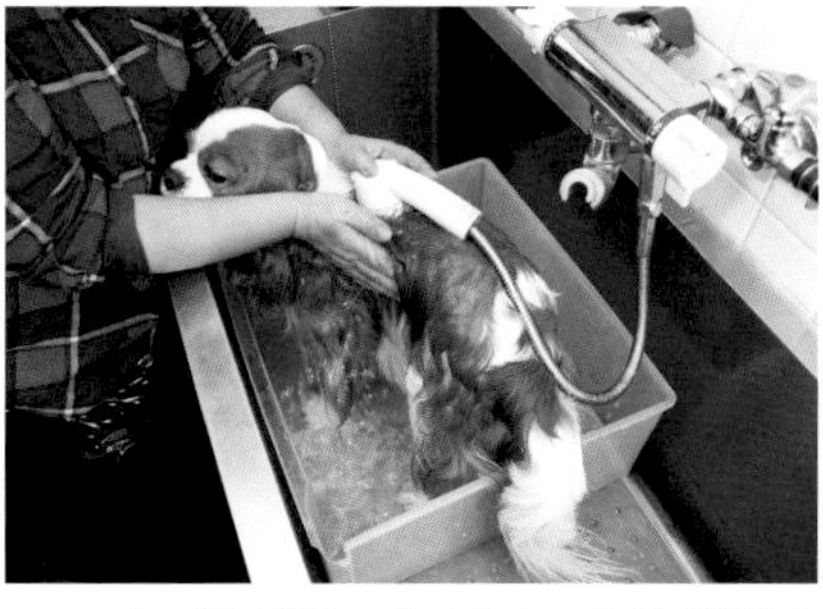

1 ある程度深さのあるたらいなど（撮影時は衣類ケースを利用）の中に犬を立たせ、シャワーヘッドを皮膚に密着させるようにして首～ボディにぬるま湯をかけます。

POINT

体にかけたお湯がたらいにたまるため、お湯をかけただけでは毛の根元まで水分が入りにくい足先をしっかり濡らすことができます。

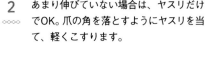

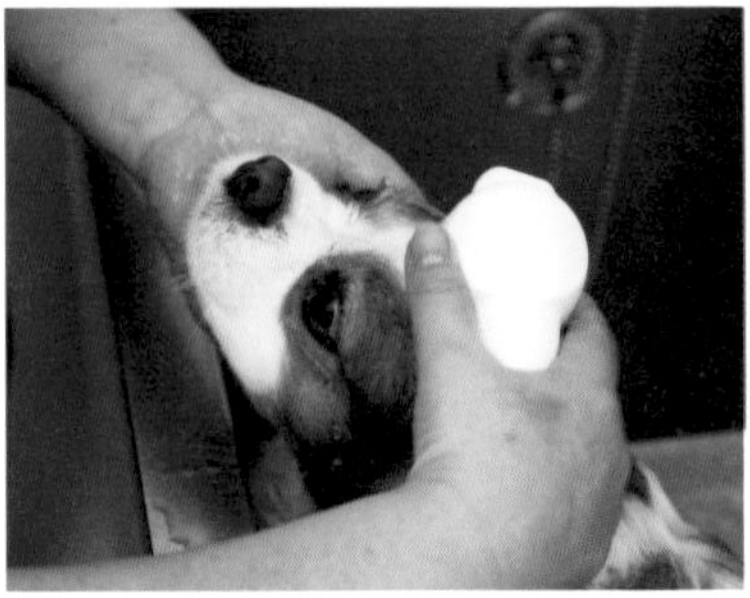

2 鼻の中にお湯が入らないように鼻先を少し上へ向け、頭頂部から後ろへお湯をかけていきます。

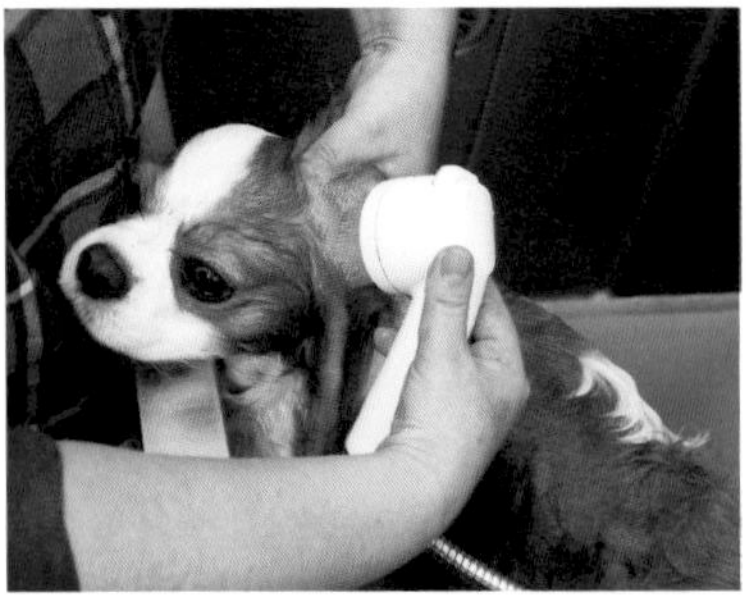

3 左手で耳の根元を押さえ、表と裏の両側からお湯をかけます。

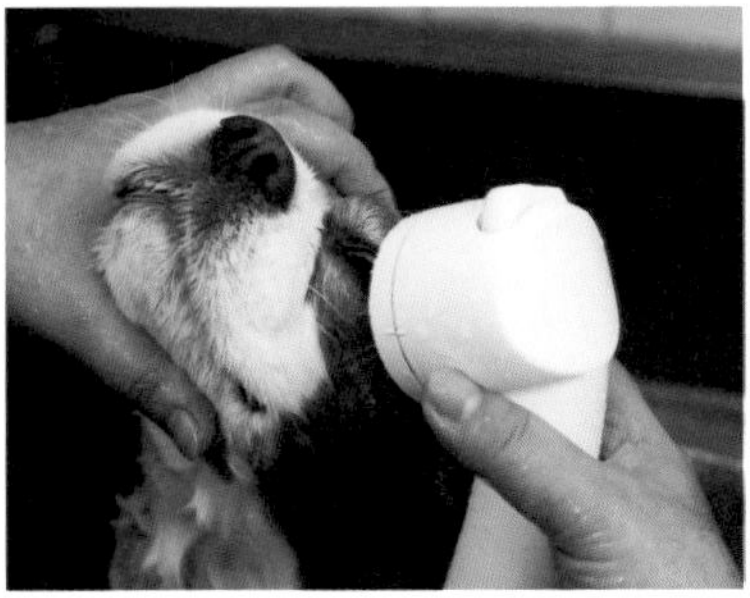

4 目の下から上へシャワーヘッドを動かし、目の周りを流します。

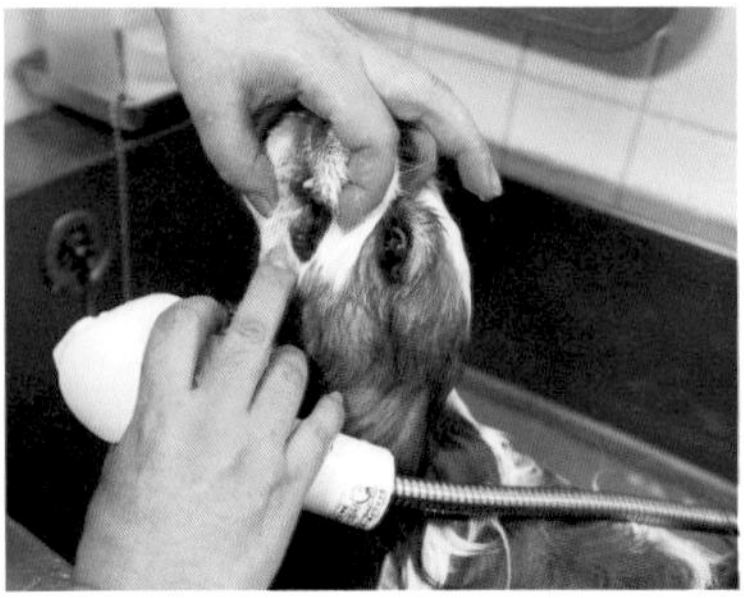

5 口周りを流します。上唇をめくり、汚れがたまりやすい犬歯の後ろ側を軽くこすりながらお湯をかけます。

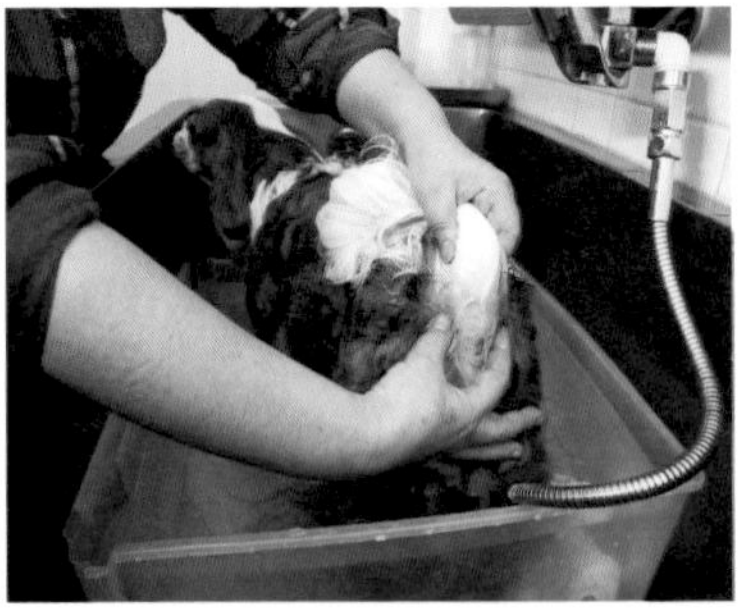

6 シャンプーのついでに、肛門腺を絞ります。しっぽを持ち上げて押さえ、肛門の下に親指と人さし指を（しっぽの幅で）当て、下から上へ軽く押し上げるように絞ります。

POINT

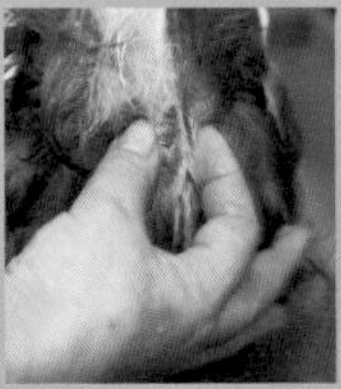

×

○

コリコリと硬い感触がある部分に指を押し当てます。皮膚の表面をつまんでしまうと、うまく絞ることができないので注意。

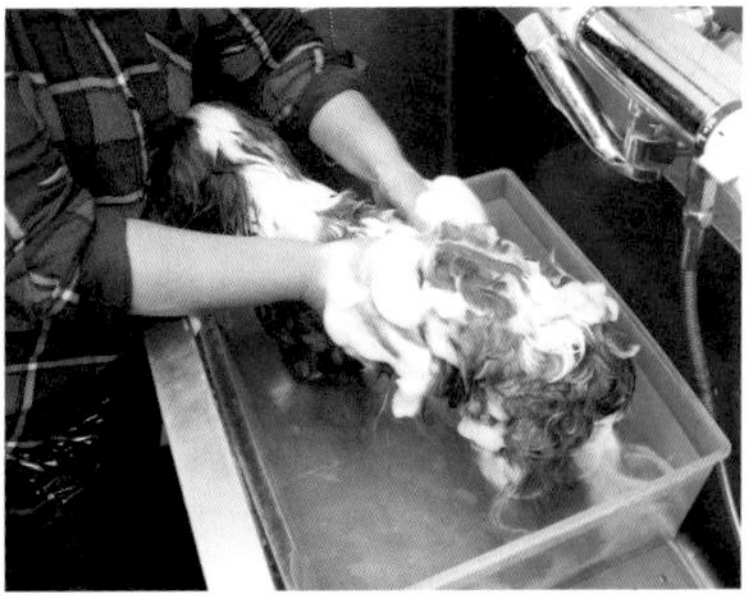

7 薄めたシャンプー剤をスポンジなどで十分に泡立て、ボディに泡を付けます。背骨の両側に親指を当て、4本の指の腹で円を描くようにマッサージしながら洗います。

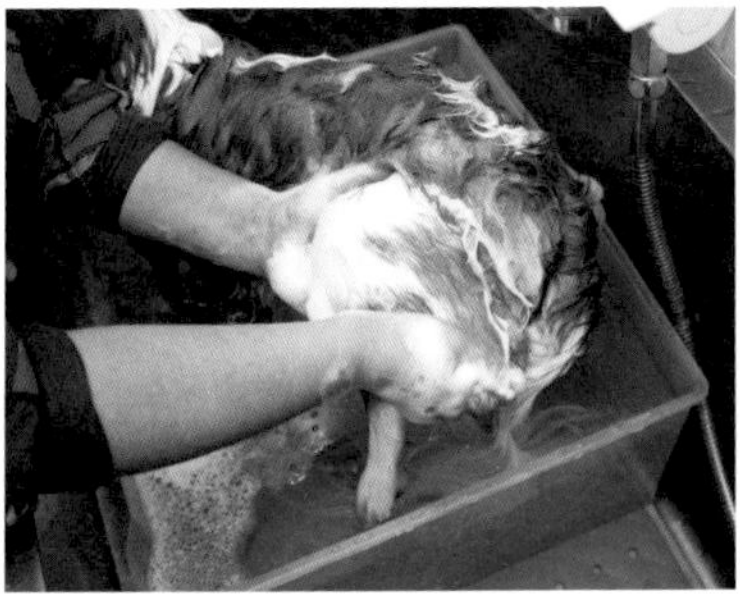

8 足の飾り毛としっぽ、首〜前胸は、毛の流れに沿って指を通すように洗います。

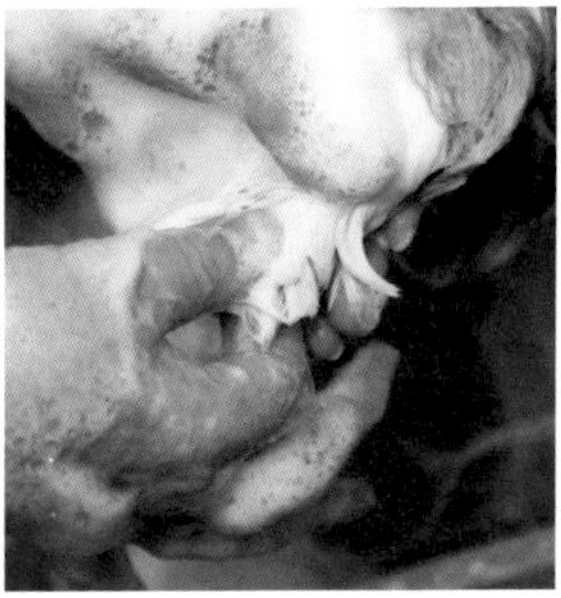

9 足先は、親指と人さし指で犬の足を挟み、指のあいだをていねいに洗います。

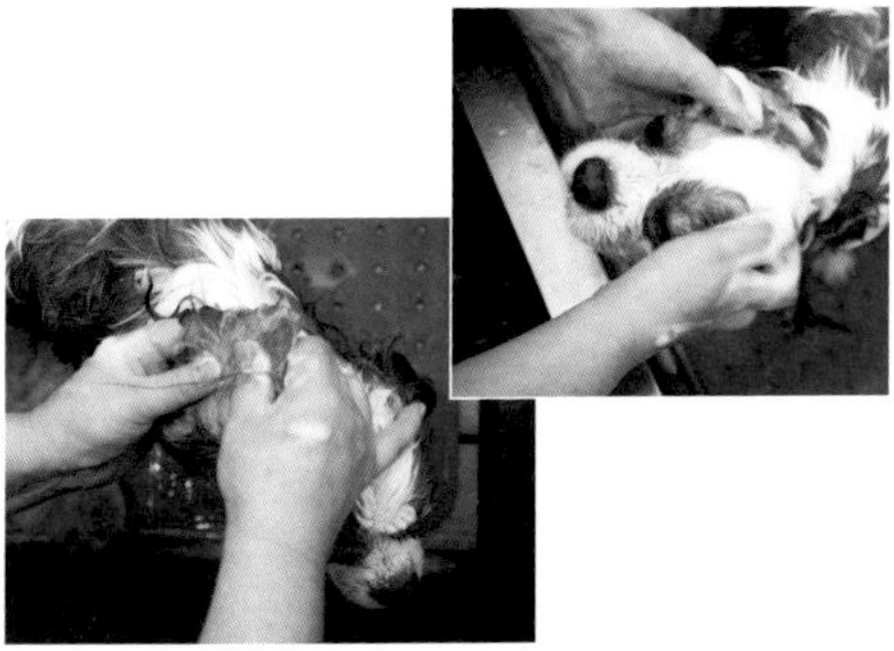

10 頭は、目の上の骨に沿って内側から外側へ円を描くように親指でこすります。耳は裏返して耳の穴の周りをていねいに洗い、飾り毛は毛流に沿って指を通します。

POINT

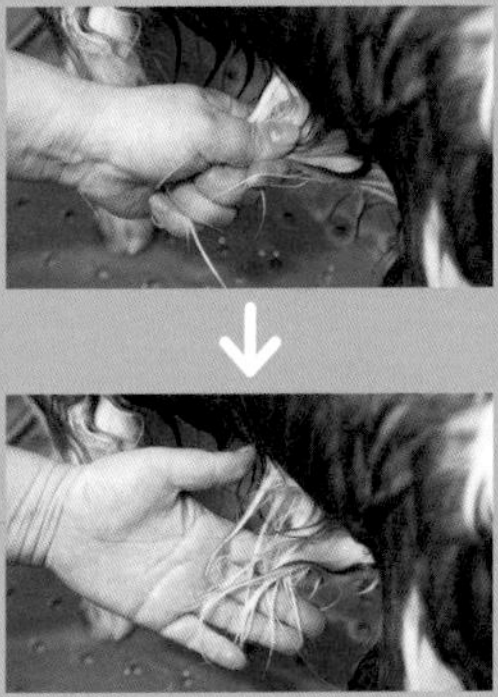

毛を握って離したとき、毛にキラキラした泡が残っているようならすすぎが足りていない証拠です。

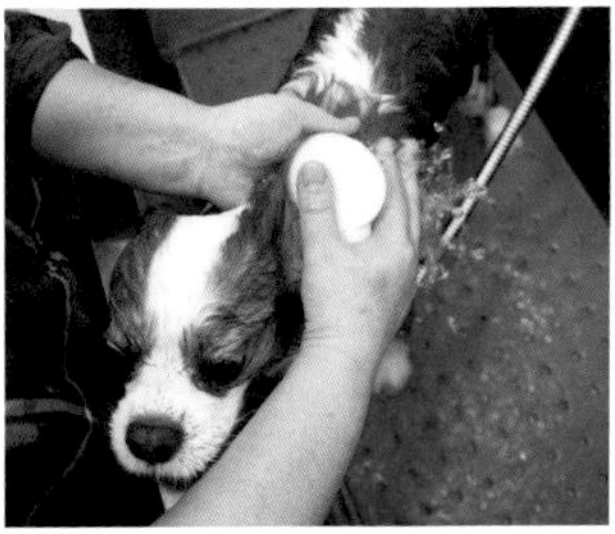

11 犬をたらいから出し、シャワーでしっかりすすぎます。耳は、耳の穴の周りまできちんとお湯をかけて泡を流します。

乾かし～仕上げ

両手がふさがる作業なので、
別の人に犬を押さえて
もらうのも◎。

これを使います！

1 タオル（吸水性の高いタオルを使うと効率的）を犬の体にかぶせ、手でしっかり押さえて水分を取ります。

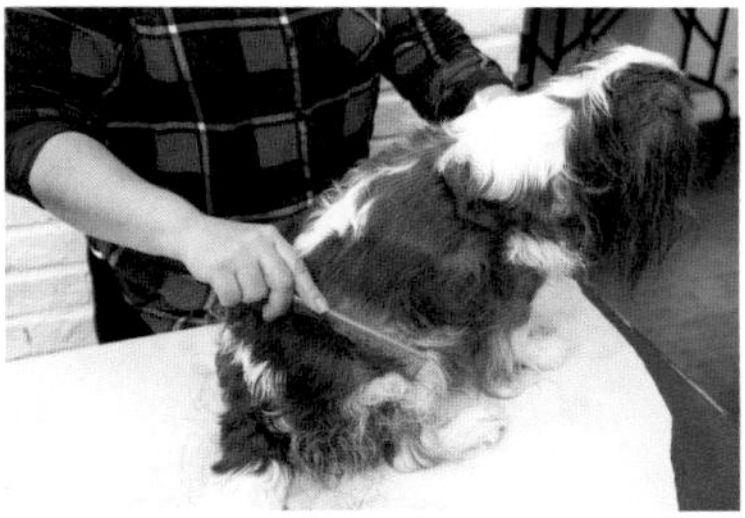

2 全身をコームで軽くとかし、犬を寝かせてお腹から乾かしていきます。ドライヤーの風を当てながら毛の流れに沿ってスリッカーでとかし、毛の根元から乾かします。

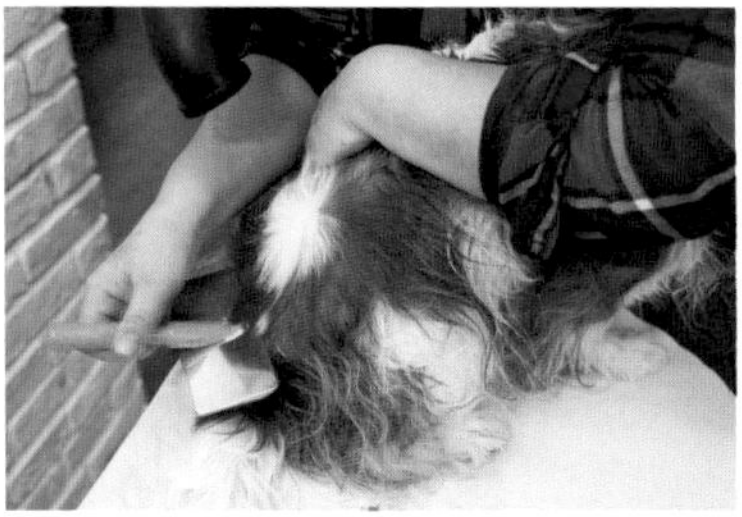

3 ボディを後ろから前へ乾かしていきます。上からかぶさる毛を持ち上げて押さえ、②のようにとかしながら乾かし、しっぽも同様に乾かします。

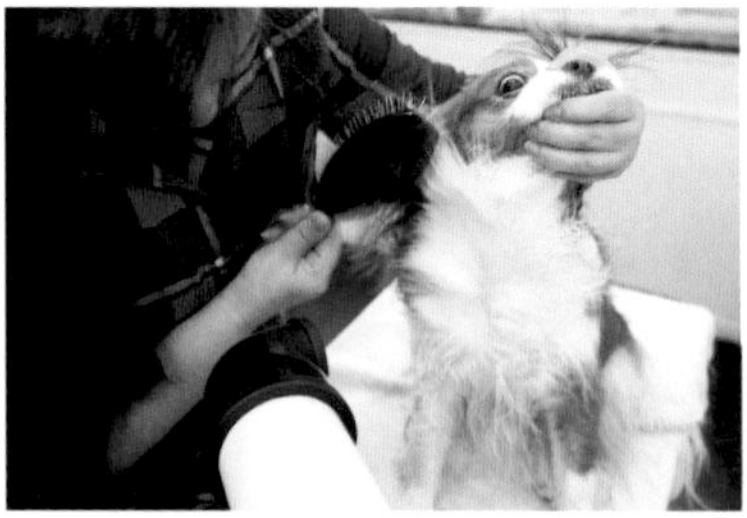

4 足と胸の飾り毛は、ピンブラシでとかしながら乾かします。いろいろな方向から毛をふわっと浮かせるように風を当ててとかし、毛の根元まで風を送り込みます。

5 足先は、コームや指先で毛を起こすようにしながら風を当て、指のあいだまでしっかり乾かします。

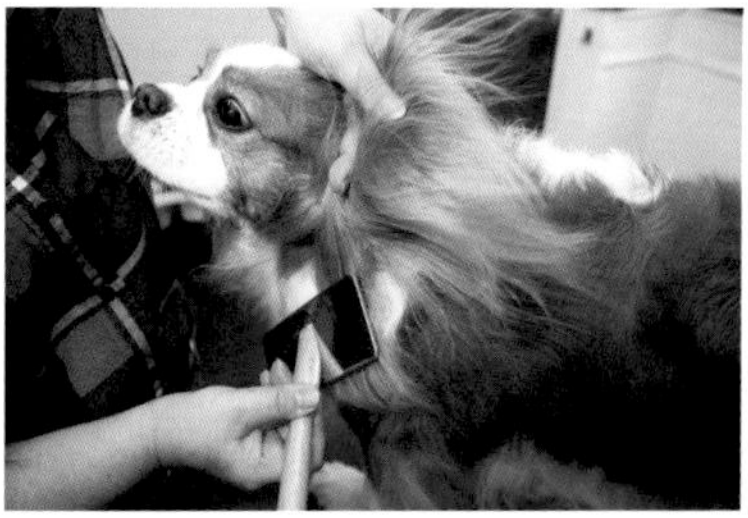

6 耳を左手の人さし指と中指ではさみ、薬指と小指で耳の穴をふさいで耳を乾かします。指をそのまま耳の縁までずらし、縁にも風を当てます。

7 顔を持って頭を上げ、首周りを乾かします。

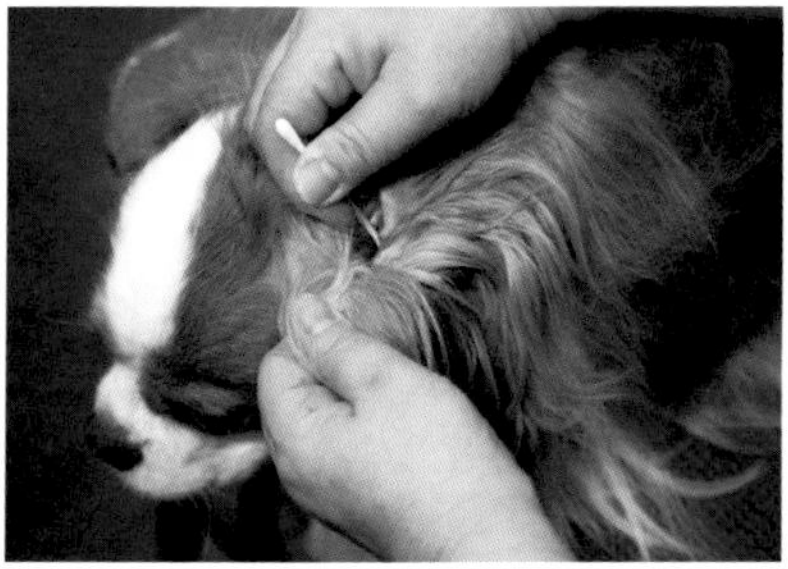

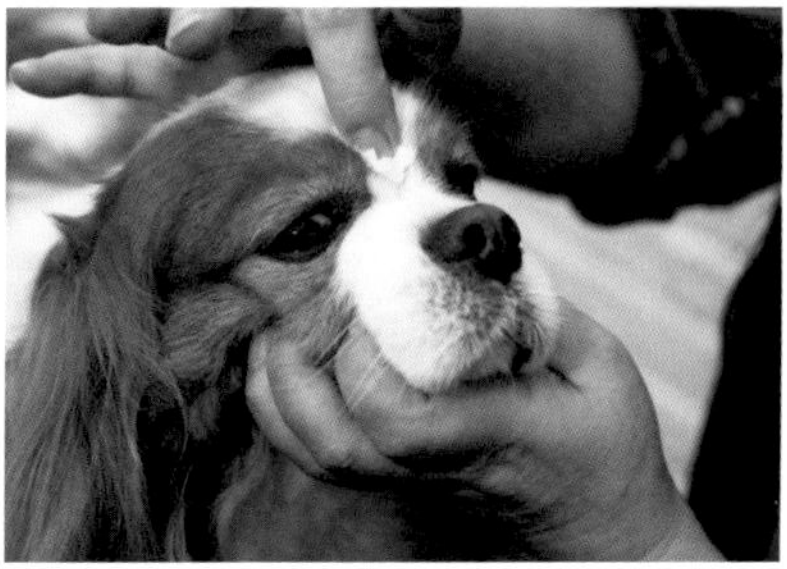

8 ドライヤーを止め、スリッカーでとかして毛の流れを整えます。目頭をコットンでふき、綿棒で耳の中に残った水分を吸い取ります。

飼い主さん向けの
小さいハサミで
OK

9 足先を１本ずつ左手に乗せて押さえ、パッドより長い毛をハサミでカット。さらに足の飾り毛を持ち上げて押さえ、パッドの後ろ側に長くはみ出す毛をカットします。

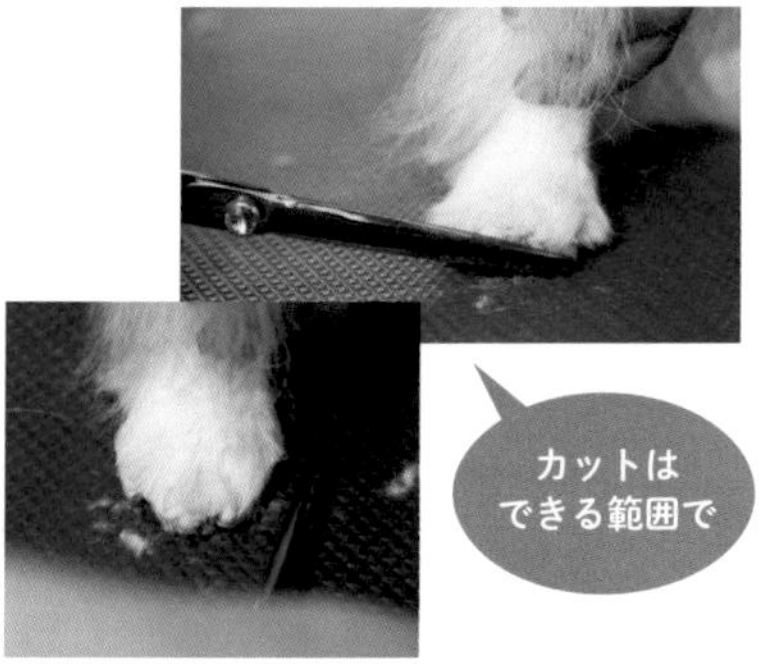
カットは
できる範囲で

10 犬を立たせ、足周りをカットします。まず足の前側を真っ直ぐカット。次に足の前側から内側、外側へ向けて斜めにカットし、横～後ろへとつなげます。

耳掃除

耳のケアは
病気や健康トラブルの
予防にもなります。

耳掃除をするべき理由

耳のきれいな飾り毛は、キャバリアのチャームポイント。でも、大きくて厚く、毛が密な垂れ耳は、蒸れやすく汚れがたまりやすいパーツでもあります。外耳炎などのトラブルもよく見られるので、こまめなチェック&ケアが大切です。

1

モデル犬は飼い主さんの希望で耳の裏にも毛を残していますが、耳の穴の周りは毛を刈っている犬も多いようです。

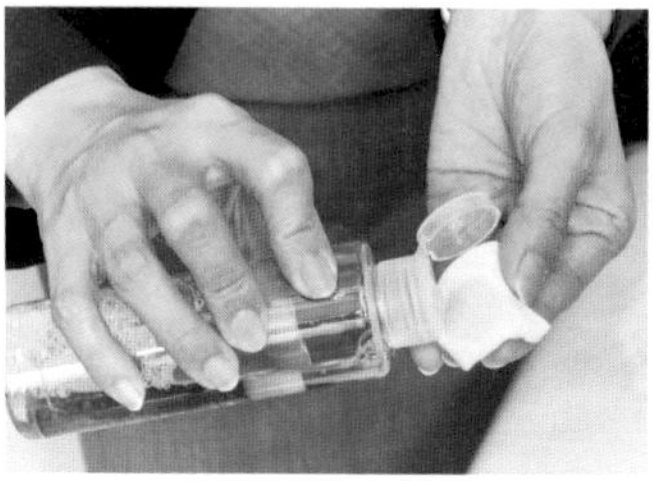

2

コットンにイヤーローションをたっぷり含ませます。ふいたときの刺激から皮膚を守りながら、汚れを落とす効果があります。

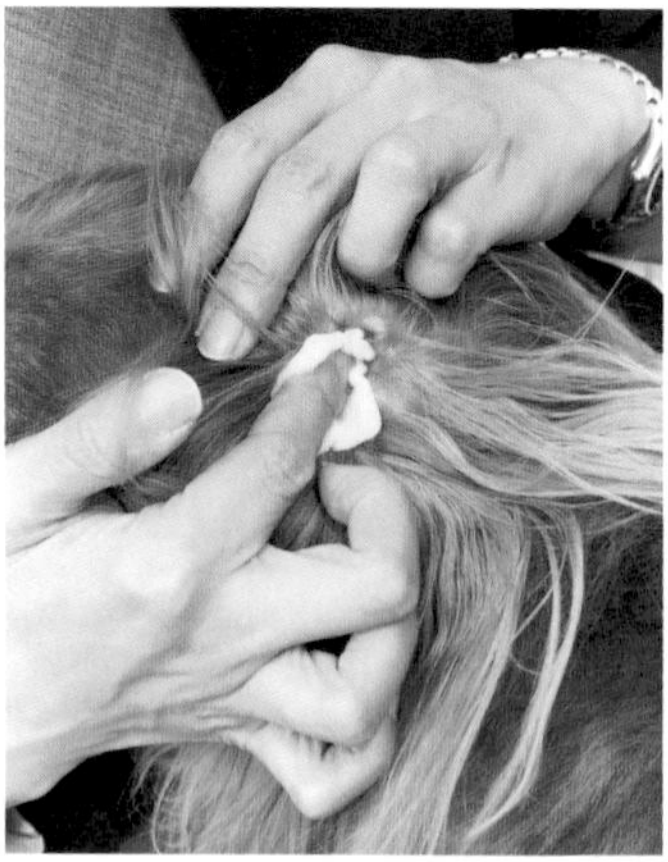

3

耳の穴の入り口あたりに、コットンを当てます。すぐにふかず、まずはコットンを押し当ててローションを皮膚に浸透させます。

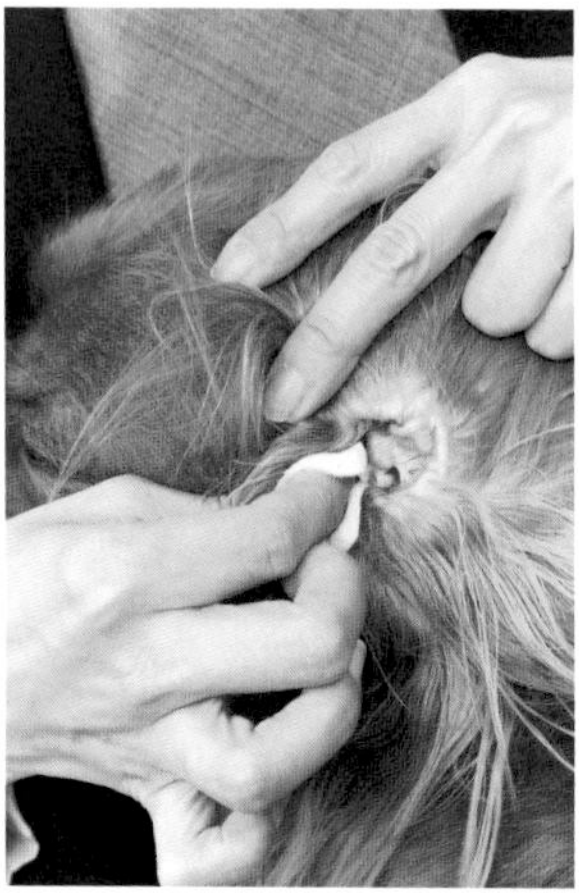

4

浮き上がってきた汚れを、軽くふき取ります。

トリミングサロンで
耳の汚れを指摘されたときは、自宅でケアをすればいい程度か、それとも動物病院で治療してもらったほうがいいのか、聞いておきましょう

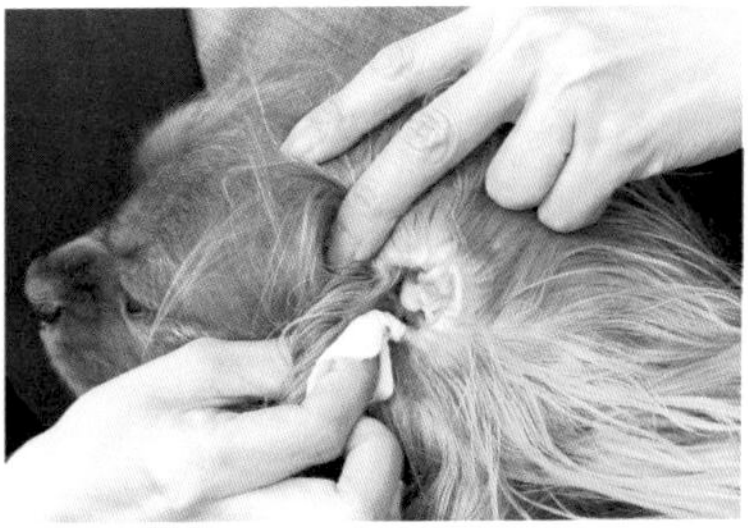

5 コットンを人さし指の腹に巻き、耳の穴のやや奥のほうも同様にふきます。おうちでのケアは、指が無理なく入るところまでで十分です。

足裏のケア

肉球からはみ出す毛を
処理して、
ケガの予防に。

ケガの予防のために

犬の足の裏は、肉球のあいだや周りにも毛が生えています。この部分の毛が伸びすぎると、フローリングの床などを歩くときに滑りやすくなります。無理に踏ん張るため、腰や膝を傷める原因になることもあるので注意が必要です。

使い方の基本

×

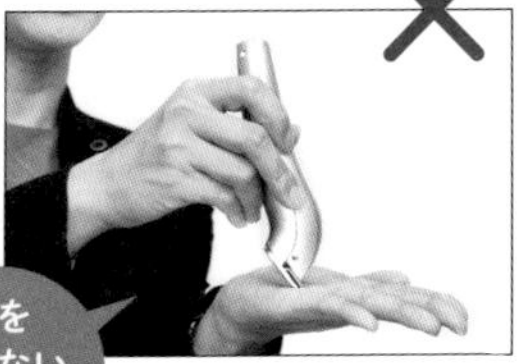

○

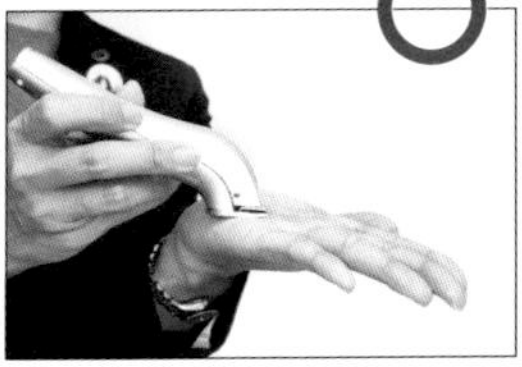

刃を
立てない
ように

ミニバリカンは、正しく使えば安全な道具。毛を刈るときは必ず、刃の裏側（平らな部分）を皮膚に当てて動かします。

使う道具

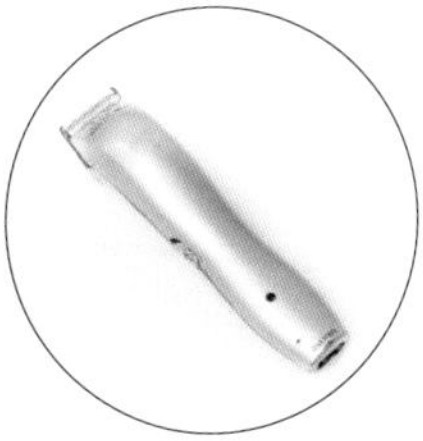

ミニバリカン
（刃は0.5mm ／人用でもOK）

1

おうちケアで刈るのは、足裏の毛の、肉球より長く伸びている部分だけにしましょう。

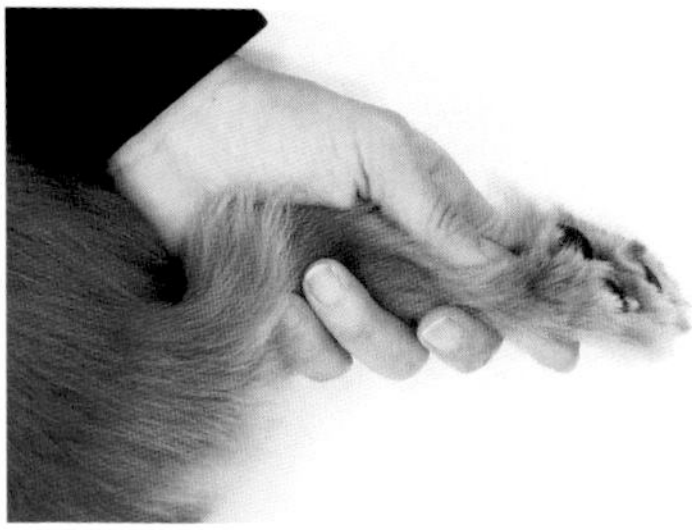

2

足先の曲がる部分を自然に伸ばし、左手でしっかり押さえます。

3

足裏に刃の裏側(平らな部分)を軽く当ててからスイッチを入れ、肉球より長い毛だけを刈ります。

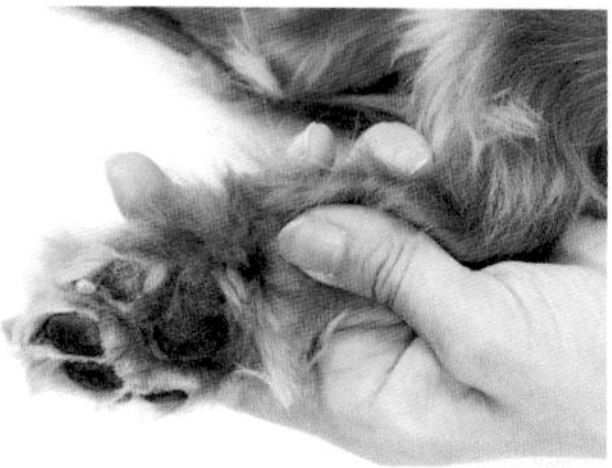

4

刈り終わり。肉球と肉球のあいだの毛は刈るときにケガをさせやすいので、トリミングサロンに任せましょう。

毎日の
お手入れで、
エレガントな姿を
キープしてね♪

キャバリアのためのマッサージ

体をほぐしながら体調を整えるマッサージは、キャバリアの健康キープに役立ちます。スキンシップにもおすすめ。

東洋医学の基本

東洋医学の考えに基づいたマッサージとは？

1 ケアの目的は体を「ちょうど良く」整えること

生きものの体は、気《き》・血《けつ》・津液《しんえき》という3つの物質によって維持・調整されています。大切なのは、すべての要素が「ちょうど良い」状態を保ち、バランスがとれていることです。

2 毎日の養生で不調を改善

東洋医学では病気になる手前の状態を「未病《みびょう》」といい、未病の段階からケアを開始します。このときのケアが「養生」。今回紹介するマッサージも養生のひとつです。

3 「経絡《けいらく》」は生命エネルギーの通り道

気・血・津液は、体内に張り巡らされた「経絡」の中を流れています。経絡上にはたくさんの「ツボ」があり、ツボを刺激することで、気、血、津液の流れを整えることができます。

気

生命の維持に必要なエネルギー。見たりふれたりすることはできませんが、重要な存在です。

血

心身に栄養を行き渡らせる働きをします。「血液」よりも幅広い意味を持っています。

津液

体を潤して熱を冷ます水分。汗、涙、尿、唾液など、体に含まれるすべての水分を指します。

マッサージの心得

マッサージを始める前に、
3つのポイントを
チェックしましょう。

① リラックスして行う

犬も飼い主さんもリラックスしていることが大切。寝起きや空腹時など、ご機嫌ななめになりやすいときは避けて。

② 飼い主さんの手を温めてから

冷たい手でさわられると、ワンコも思わず体に力が入ってしまいます。ほど良く温めてから始めましょう。

③ 毎日続ける

マッサージは、継続して行うことで効果が出ます。1日に5分間でもいいので、毎日の習慣にしていきましょう。

基本テクニック

基本のテクニックを
マスターすると、愛犬に合わせた
マッサージへ応用できます。

まずは ホールディング

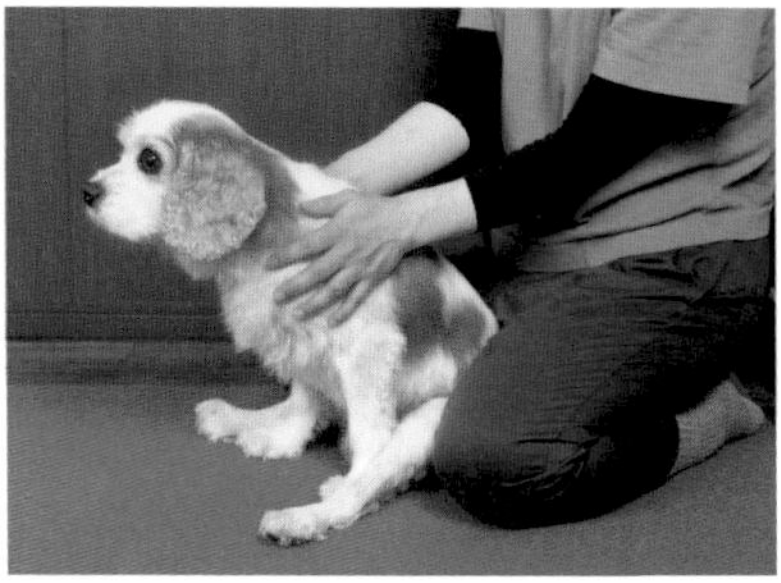

犬が好きなマットや毛布の上に立たせたり、飼い主さんの膝に乗せた状態で、犬の体を手のひらで包むようにさわります。犬に安心感を与え、十分にリラックスさせましょう。

毎日続けると、
「これからマッサージ
するよ～」の
合図にも！

基本1 ストローク

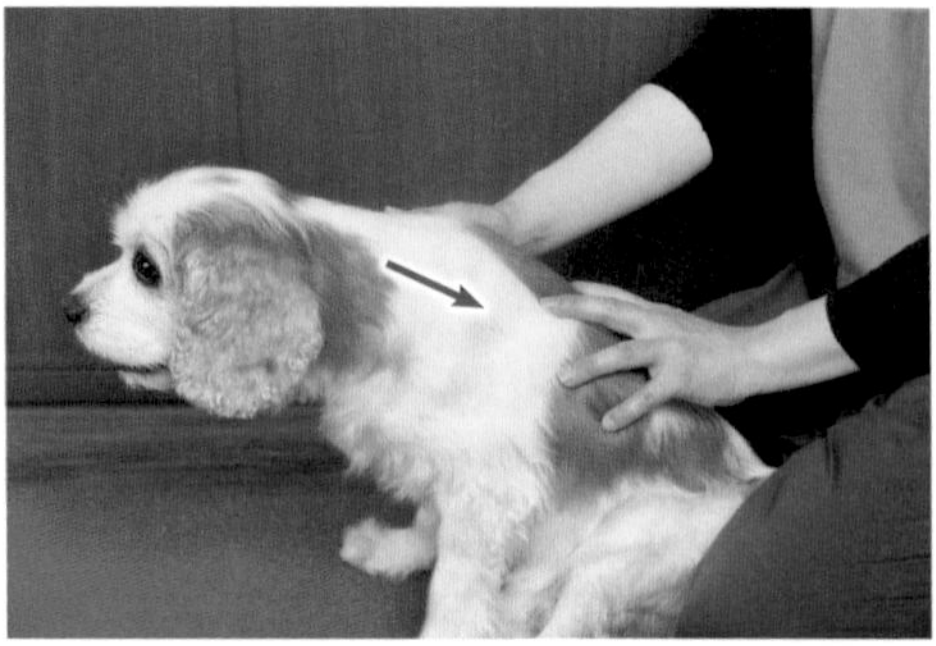

飼い主さんの手を「くし」に見立て、指先で毛をとかすつもりで、毛の流れに沿ってゆっくりと体をなでます。

おすすめ部位：全身

基本2 円マッサージ

キャバリアのような小型犬なら、皮膚にふれるかふれないかぐらいの力加減が目安。あまりぐいぐい力を入れず、犬の様子を見ながら調節しましょう

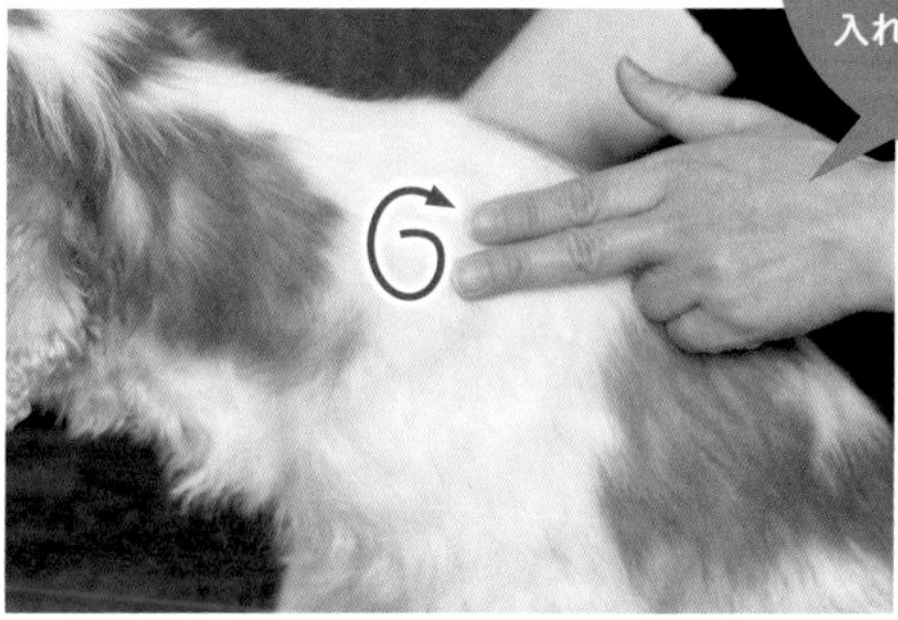

人さし指、またはそろえた人さし指と中指を犬の体に当て、ひらがなの「の」を書くようにマッサージします。

おすすめ部位：肩

基本3 モミモミ

犬は鎖骨がないため、肩～首の筋肉に負担がかかります。さらに、飼い主さんの顔を見上げる姿勢も首が凝る原因に！こまめに首の後ろをモミモミしてあげると喜びます

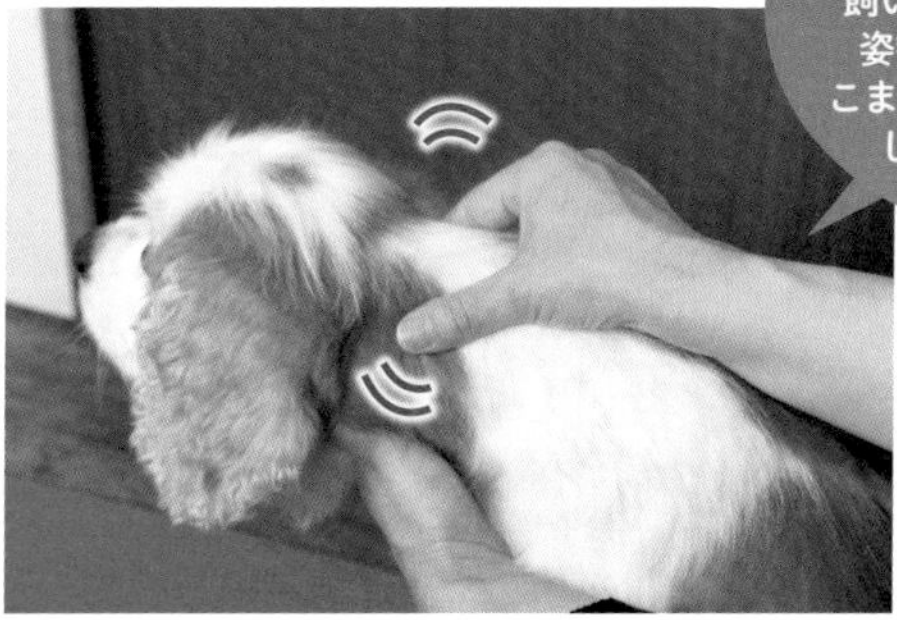

親指とそろえた人さし指&中指で皮膚をつまみ、やさしくもみほぐします。

おすすめ部位：首の後ろ

基本4 指圧

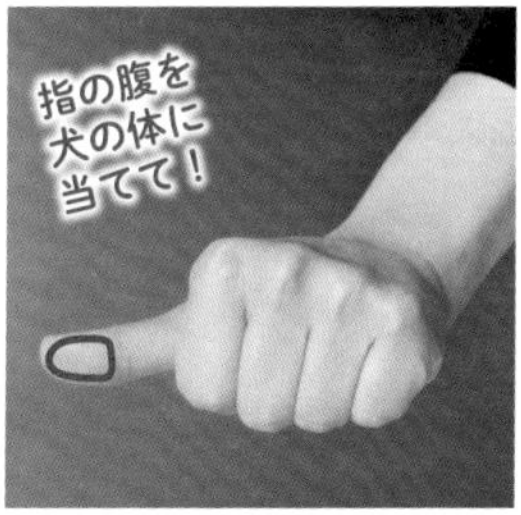

①3秒かけて徐々に力を加えていきます。
②そのままで3秒キープ。
③3秒かけて徐々に力を抜いていきます。

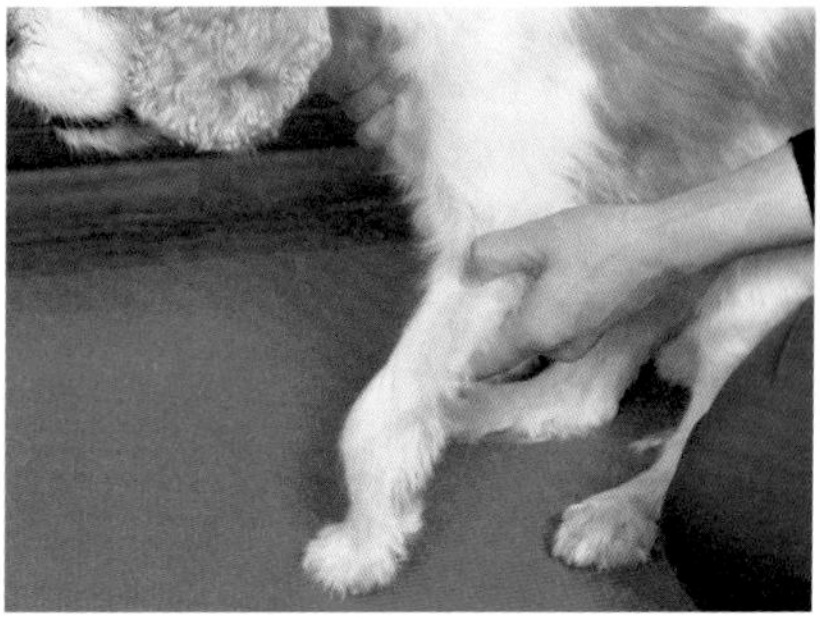

肘の関節の上が「曲池《きょくち》」。キャバリアのような小型犬なら、キッチンスケールを押したときに、「100g」ぐらいの重さになる力加減が目安。

おすすめ部位：曲池(肩凝りに効くツボ)

基本5 ピックアップ

横方向にピックアップ

頬をピックアップ

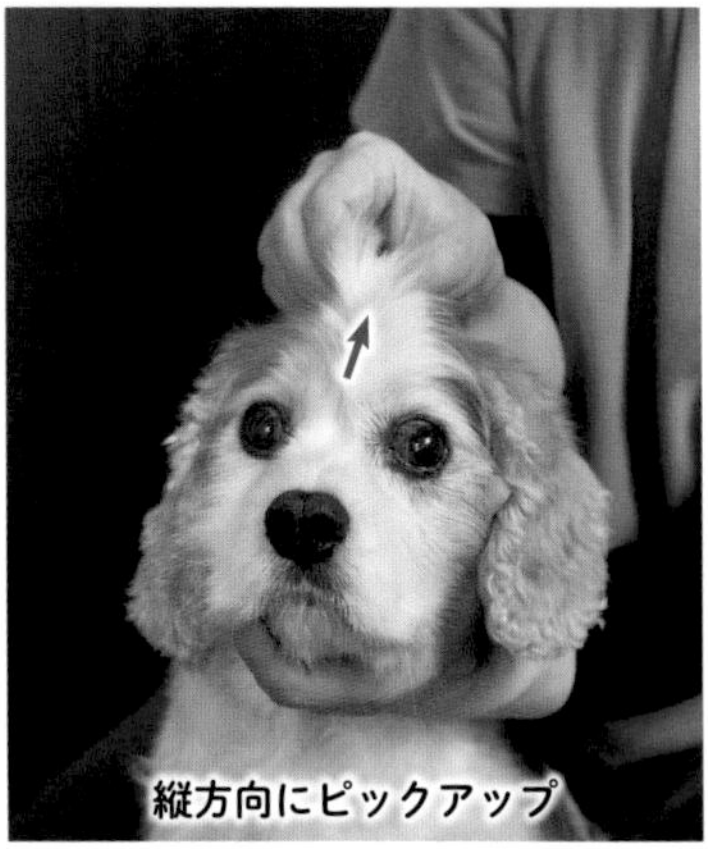
縦方向にピックアップ

目の周りの血行改善などに
役立ちます。犬は皮膚が
たるんでいるため、
軽く引っ張られると
痛みではなく「気持ち良さ」
を感じます

親指とそろえた人さし指〜小指で、深い部分から皮膚をつかみ、軽く引っ張ります。

おすすめ部位：頭&顔

基本が
わかったら、
応用に挑戦！

マッサージの幸せ効果

マッサージ中、犬と人の体内では、オキシトシンというホルモンが分泌されます。オキシトシンの別名は「幸せホルモン」。マッサージには人も犬も幸せにする効果があるようです。

応用 体の不調別マッサージ法

耳のためのマッサージ

① 耳の付け根を「モミモミ」

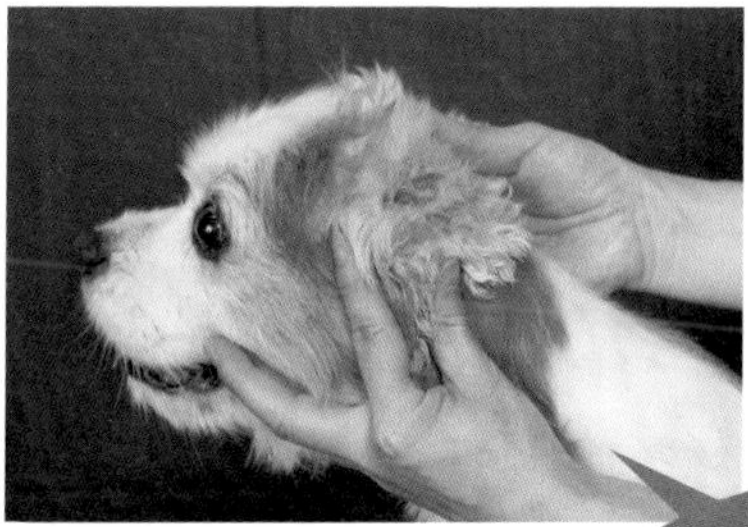

耳の付け根を指の腹でつまみ、やさしくモミモミ。

時間・回数の目安：左右各1分

さわられるのを嫌がる子は、外耳炎が起きている可能性があるので、マッサージはせずに動物病院へ

② 耳を根元から先へマッサージ

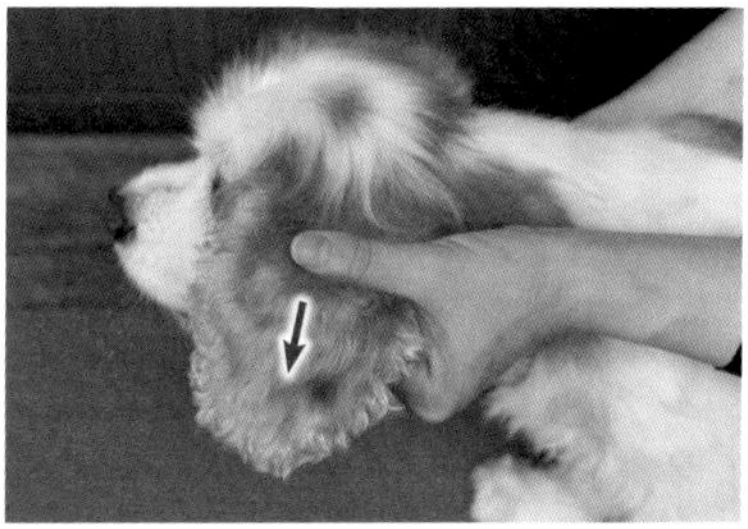

親指とそろえた人さし指〜小指で耳の根本を軽く挟み、耳の先へ向けて親指の腹でなでるようにこすります。

時間・回数の目安：左右各 5 〜 10回

③ 後ろ足の肉球をマッサージ

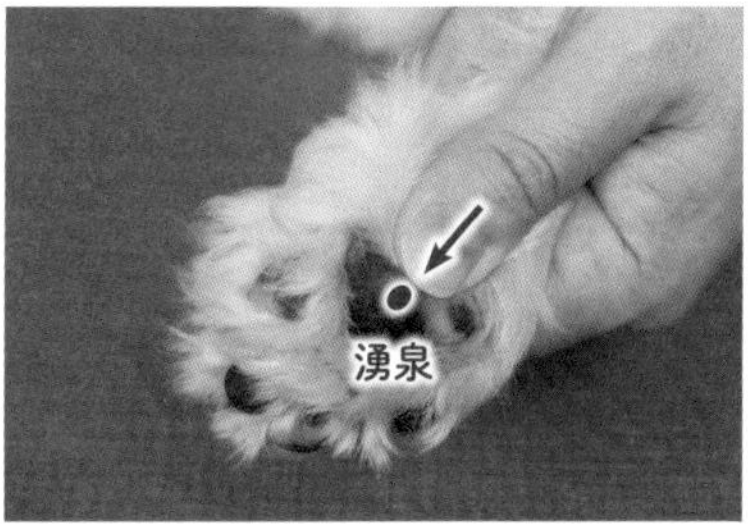

後ろ足の大きな肉球の上側(かかとに近いほうにある「湧泉《ゆうせん》」のツボ)に親指の腹を当て、足先へ向けてなでるようにこすります。

時間・回数の目安：左右各 5 〜 10回

耳から離れたところをマッサージするのはなぜ？

東洋医学では、体の器官を「肝《かん》・心《しん》・脾《ひ》・肺《はい》・腎《じん》」の5つに分類します。耳は、腎に属する器官。湧泉は、腎につながる経絡の上にあるツボです。湧泉を刺激して耳につながる経絡の流れを整えることで、外耳炎による不調の改善も期待することができるのです。

足腰トラブルのためのマッサージ

① 背中の経絡を「ピックアップ」

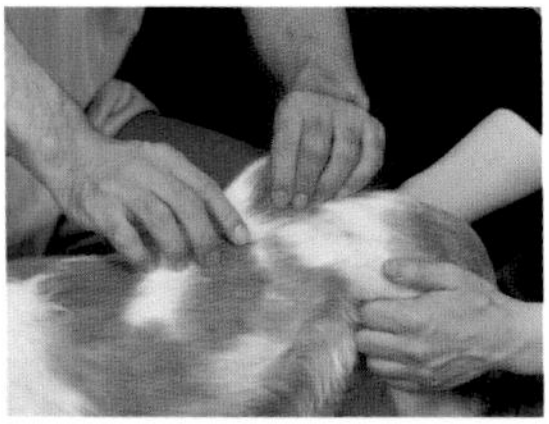

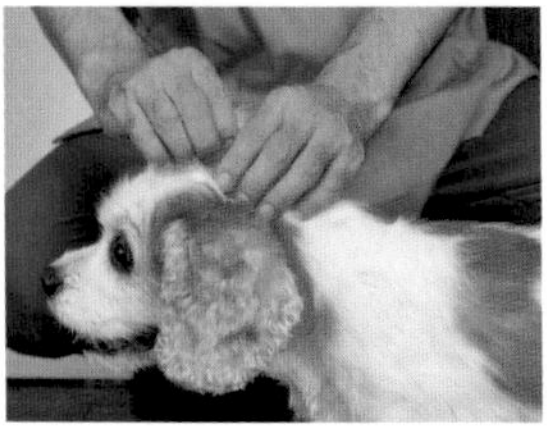

しっぽの付け根～頭頂部まで、背骨に沿ってピックアップ。両手を使って、後ろから前へ２～３か所皮膚をつかんでいきます。

時間・回数の目安：10回

こんな方法も！

ピックアップ&ツイスト

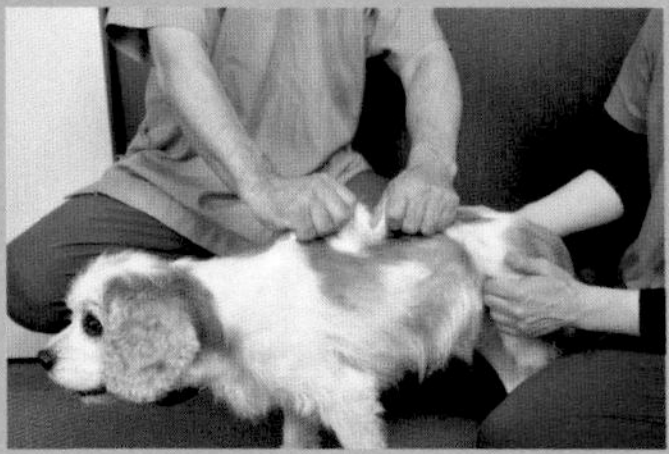

背骨の上の皮膚を両手でピックアップ。さらに両手首を反対方向に曲げ、引っ張った皮膚をねじります。

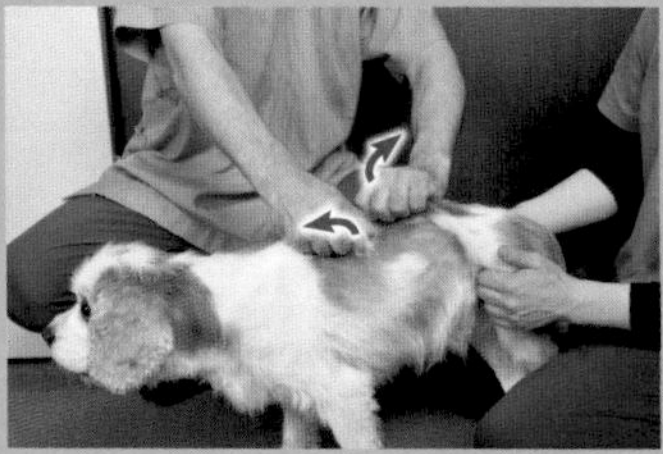

引っ張って……むぎゅっ！

背骨の上は重要ポイント

背骨に沿って走っているのが、「督脈《とくみゃく》」という経絡。督脈の上には重要なツボが多く存在します。小型犬の場合、個別にツボを探して刺激するのが難しいため、ピックアップでまとめて刺激します。

② 背中の経絡を「ローリング」

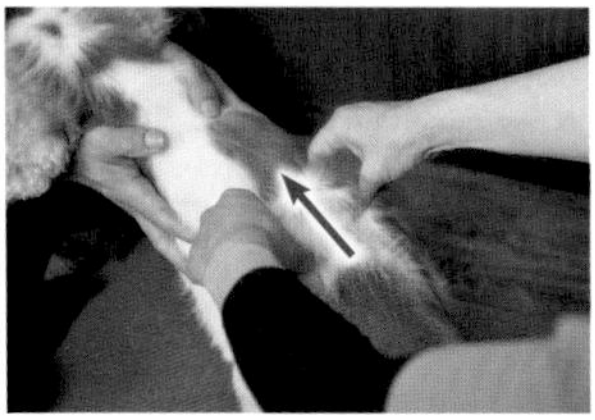

親指を当てたまま、人差し指～小指でひだをたぐり寄せるように少し前の皮膚をつかんでいきます。

犬の後ろに座り、しっぽの付け根の前をピックアップ。親指を背骨の両側に当てたまま、ピックアップする部分を前へずらしていきます。

時間・回数の目安：10回

③ ウエストのあたりを「モミモミ」

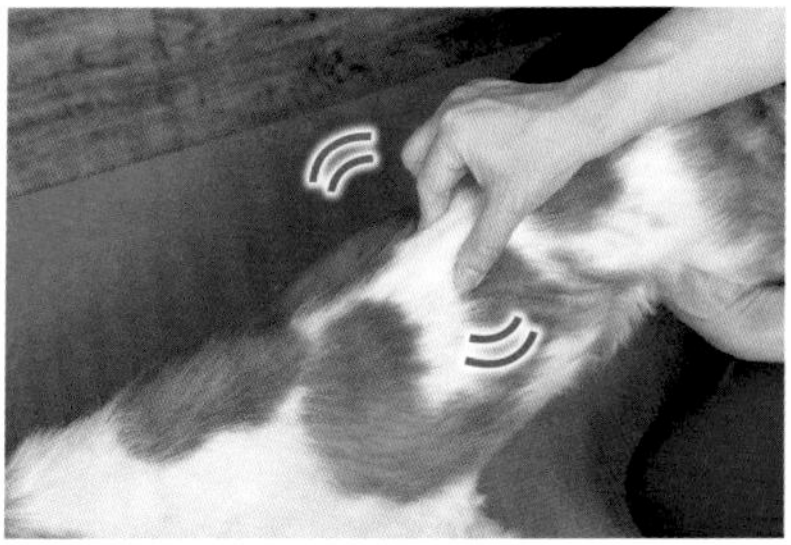

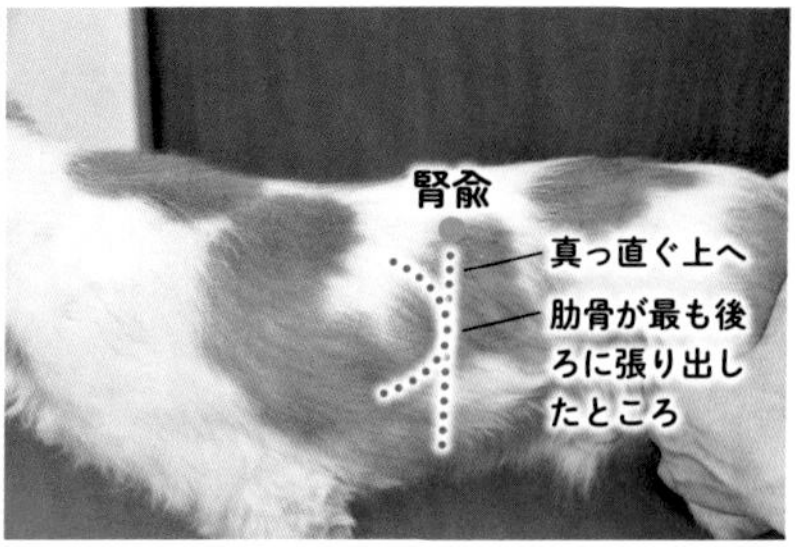

肋骨が最も後ろに張り出しているところから真上に上がったポイント（「腎兪《じんゆ》」のツボ）を、片方の手でつまんでモミモミ。

時間・回数の目安：10回

肥満予防マッサージ

加齢によるホルモンバランスの乱れから起こる肥満の予防に効果的です

くるぶしの内側を「指圧」

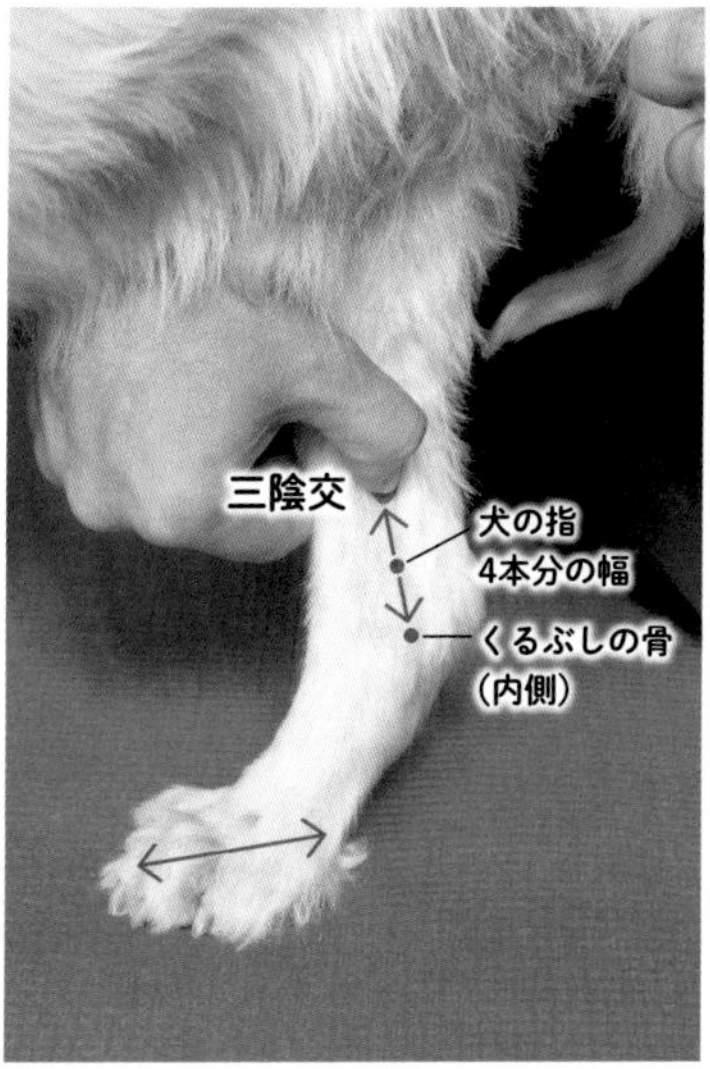

くるぶしの骨の内側から、犬の指４本分の幅の分上へ上がったところ（「三陰交《さんいんこう》」のツボ）を、親指で前から後ろへ指圧。

時間・回数の目安：左右各５～10回

足腰の不調はエネルギー不足から?

腎兪は、腎に属する器官につながる経絡の上にあるツボ。腎には気を貯蔵する役割があります。腎が弱るとエネルギー不足から足腰も弱まると考えられており、さらに骨も腎に属するため、足腰のトラブルの改善には腎の働きを高めることが有効なのです。

心臓の不調のためのマッサージ

① 肉球を「モミモミ」

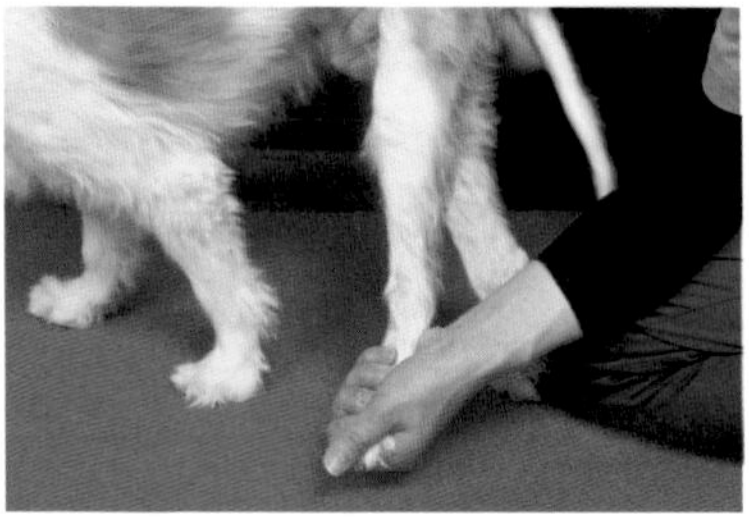

足を手のひらに乗せるように握り、やさしくモミモミ。

時間・回数の目安：前後左右の足・各20回

心臓の働きが弱いと
体の末端まで血液が
届きにくいため、
マッサージによって
血行不良&冷えを
改善します。
お風呂が好きな子なら、
寒い季節はぬるま湯で
足浴をしながら
モミモミしてもOK！

こんな手の形で
トントントン、と！

② 背中をタッピング

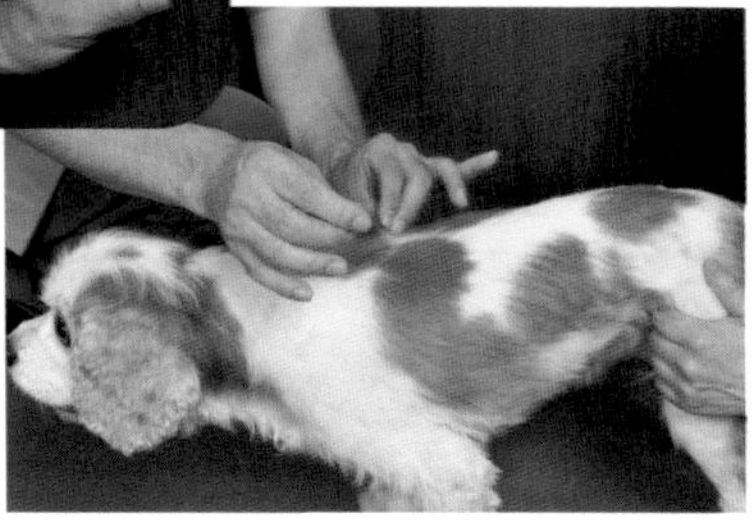

親指、人さし指、中指の指先をそろえ、犬の背中全体を軽くたたく。

時間・回数の目安：20～30回

白内障のためのマッサージ

目の周りのツボ

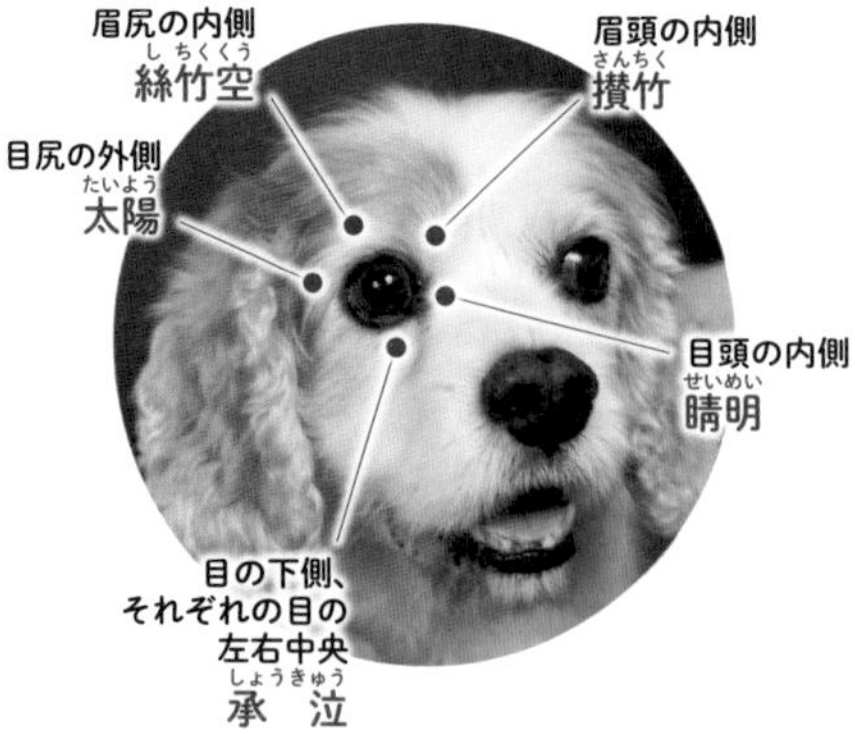
眉尻の内側
絲竹空《しちくくう》
眉頭の内側
攅竹《さんちく》
目尻の外側
太陽《たいよう》
目頭の内側
睛明《せいめい》
目の下側、
それぞれの目の
左右中央
承泣《しょうきゅう》

① 攢竹→絲竹空へマッサージ

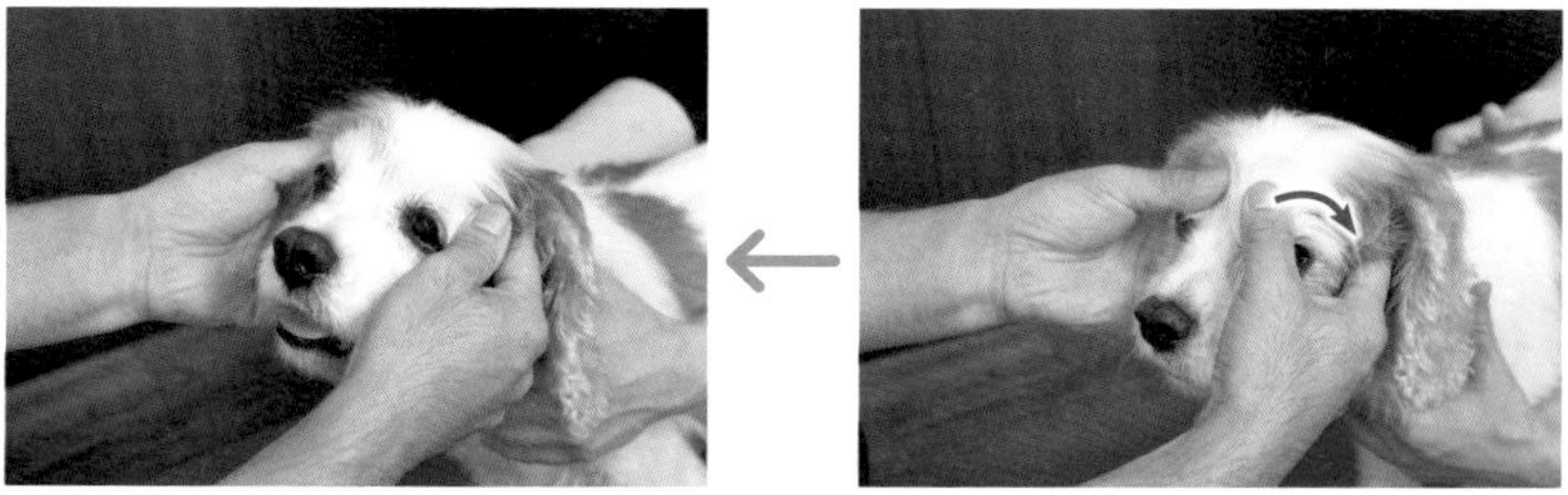

攢竹に親指の腹を当て、眉の骨に沿って絲竹空までマッサージ。

時間・回数の目安：1～3を続けて、左右各10回

② 睛明→承泣へマッサージ

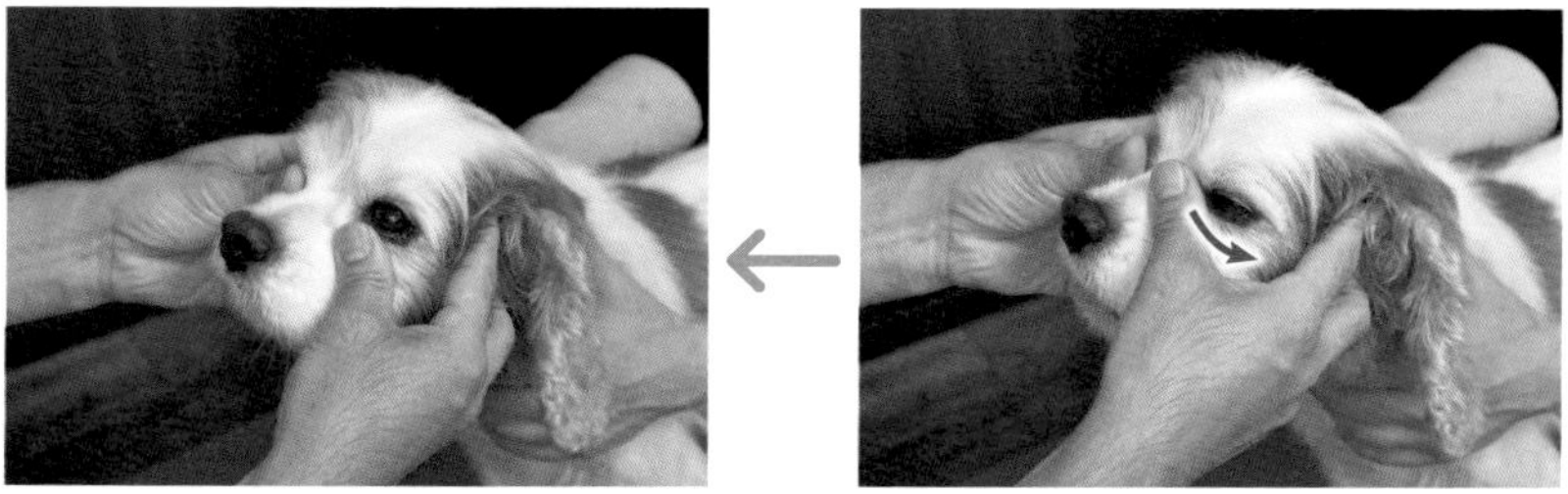

睛明に親指を当て、下まぶたに沿って承泣までマッサージ。

③ 太陽を「円マッサージ」

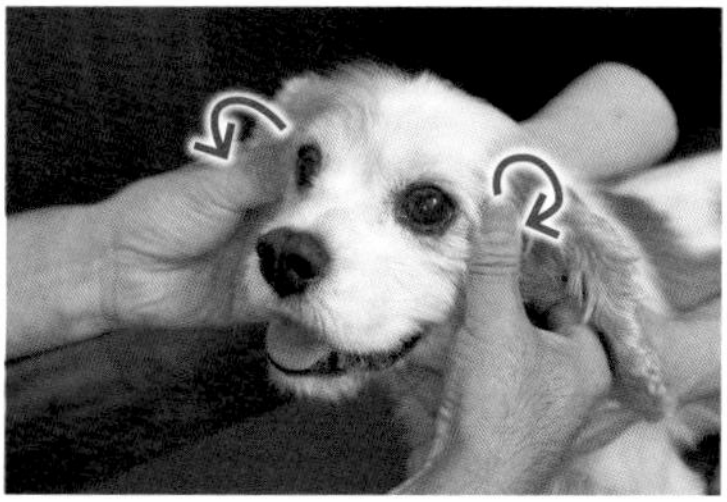

太陽に親指を当て、「円マッサージ」。

memo

毎日のマッサージは、「気持ちいい」ことが大切。ワンコの表情をよく見ながら、ワザをみがきましょう。

キャバコラム
2

「スパニエル」ってどんな犬？

「スパニエル」と名の付く犬は数多く、
キャバリアもその仲間です。
ここでは、「スパニエル」についてご紹介します。

「スパニエル」と呼ばれた犬は、猟犬として活躍してきた犬種。畑や藪を隅から隅まで走り、隠れている獲物を追いたて、飛び出させることで狩猟の手助けをしてきました。獲物が飛び出してきた瞬間こそ、ハンターにとっては撃ち抜くチャンス。このとき、猟犬が動いていると弾が当たってしまいます。獲物を見つけるまでは動き回り、ハンターが獲物を撃つときには止まる。このように、スパニエル猟は犬とハンターのコンタクトなしには成立しないものでした。

1800年代、イギリスで狩猟が盛んになり、猟犬にまつわる本も多く出版されました。それらのスパニエルの項目では、猟犬としてのすばらしさだけでなく、人懐こく、愛情深い性格についてもふれられています。やがてその愛らしさから、小型化され、愛玩犬として生まれたのがキャバリアなのです。キャバリア独特の朗らかさ、楽しそうな動きは、猟犬としてのスパニエルから引き継いだものなのかもしれませんね。

Part5

キャバリアのかかりやすい病気&栄養・食事

キャバリアがかかりやすい病気についてわかりやすく
解説します。注意したい病気とその対策、さらに
栄養学の基礎と食事に関しても学んでいきましょう。

キャバリアのカラダ

健やかな毎日をサポートするためにも、
体調の変化や病気のサインを見逃さないように気を付けましょう。

皮膚

フケの量や被毛の光沢を観察して

キャバリアの被毛は光沢があり、さわるとなめらかです。しかし皮膚の健康状態が悪くなるとフケが増え、被毛の光沢もなくなって抜けやすくなります。ときには皮膚が脂ぎってベタベタした感じになり、独特のニオイがすることも。このような症状が見られたら、獣医師と相談の上食事の内容や量をチェックして、食生活の改善に努めましょう。

排便

便の色や排便回数を把握

健康なときの便はバナナのような形で光沢があり、色は茶色から黒っぽいものまでさまざまです。お腹に異常があるといつもと違った色の便が出ることが多いので、色に注意してください。排便の回数は通常１日１～３回ですが、これは散歩の回数とも関連します。スムーズに排便できないときにはヘルニア、前立腺肥大、膀胱炎《ぼうこうえん》などの可能性があります。５日以上排便が見られないなら便秘も考えられます。

排尿

排尿の回数と時間を確認

オスはメスよりも尿の色が濃いのがふつうです。色が極端に濃くなったり赤くなったら、膀胱炎や中毒などの可能性が。また、排尿に時間がかかりすぎる、何度も排尿姿勢を取る、ポタポタと尿を漏らすことなども異常が起きているサインです。尿の量をチェックすることも大切ですが、量ることは難しいので、日ごろの排尿回数と排尿時間を覚えておくと目安になります。尿がまったく出ないときは緊急事態なので、ただちに動物病院を受診してください。

耳

内側の色やニオイをチェック

健康なキャバリアの耳の内側は薄いピンク色で光沢があり、つるつるしていて、ニオイもほとんどありません。わずかに薄茶色の耳垢があるのは正常な状態です。犬が頭を振ったり、耳をしきりにかいたりするときは耳の中のチェックを。赤く腫《は》れている、耳垢で汚れている、嫌なニオイがするなどの症状があるときは、外耳炎を起こしている可能性があります。草の種が入っていたり、ダニが付いていることもあるので、念のため動物病院を受診しましょう。

口

食事の様子を観察

健康な犬は口臭がほとんどなく、歯ぐきもピンク色です。暑いときには水のようなよだれが出ることがありますが、これは体温調節のため。ただし、粘り気の強いよだれが多いときは、歯のトラブルによる感染症や脱水状態などの恐れがあるので要注意です。また食事に時間がかかったり、頭を傾けて食べているときは、口内炎や歯のぐらつきなどの異常があるサインなので動物病院へ。また、ふだんから歯みがきを行い、予防に努めましょう。

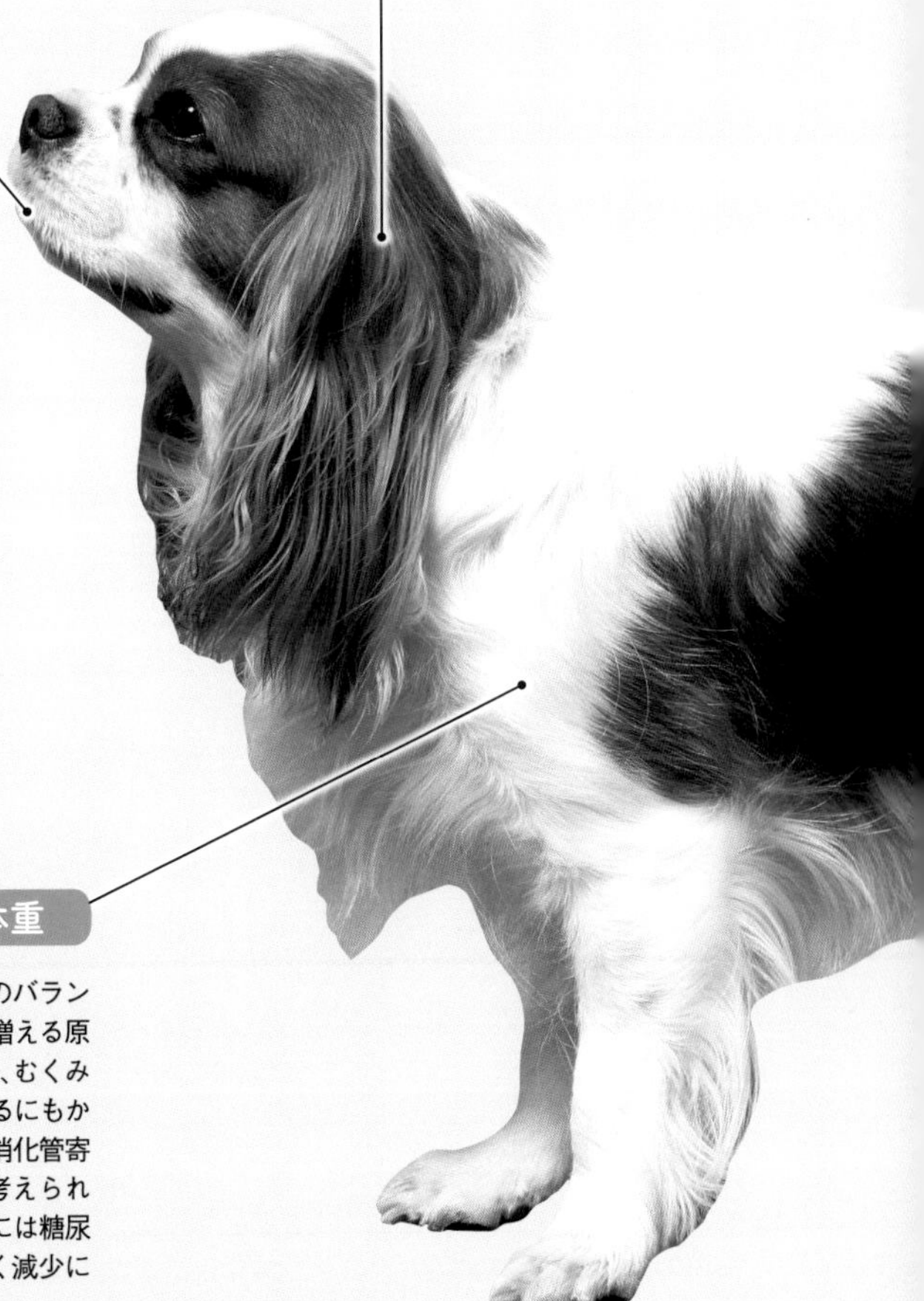

体重

増加だけでなく減少にも注目

体重は食べたもののカロリーと消費量のバランスでコントロールされています。体重が増える原因としては、肥満のほかに腹水《ふくすい》やしこり、むくみなどがあります。逆にしっかり食べているにもかかわらず体重が減少しているようなら、消化管寄生虫や胃内異物、がんや心臓病なども考えられます。また、肥満の犬が急に痩せたときには糖尿病の可能性も。体重の増加だけではなく減少にも十分注意を払ってください。

僧帽弁閉鎖不全症

キャバリアで注意したい
心臓の病気について解説します。

原因

病気の特徴について
整理します。

キャバリアは比較的健康な犬種ですが、注意しておかなければならないのは遺伝的な要因から僧帽弁閉鎖不全症の発症率が高くなっていることです。小型犬に多い病気ですが、キャバリアでは5歳未満の若齢でかかる例も多いことから、避けて通れない病気とされています。近年の獣医療の進歩によって、変化しつつある手術の内容も含めて説明していきます。

どんな病気？

心臓は、全身と肺に血液を循環させるポンプ機能を果たしています。全身から大静脈に集まった血液は右心房から右心室を経て、肺で新鮮な酸素を取り込みます。その後、左心房→左心室→大動脈→全身へと送られていくのです。心臓が異常のない健康な状態であれば、この順路で適量の血液が全身に行き渡ります。

ところが、その順路のなかで左心房と左心室のあいだを仕切る僧帽弁が十分に閉じなくなることがあります。その結果起きるのが、心臓内での血液の逆流。その量が増えると、心臓内にとどまった血液によって心臓が大きくなる「心拡大」が起き、許容量を超えると血液中の水分が肺に浸み出す「肺水《はいすい》

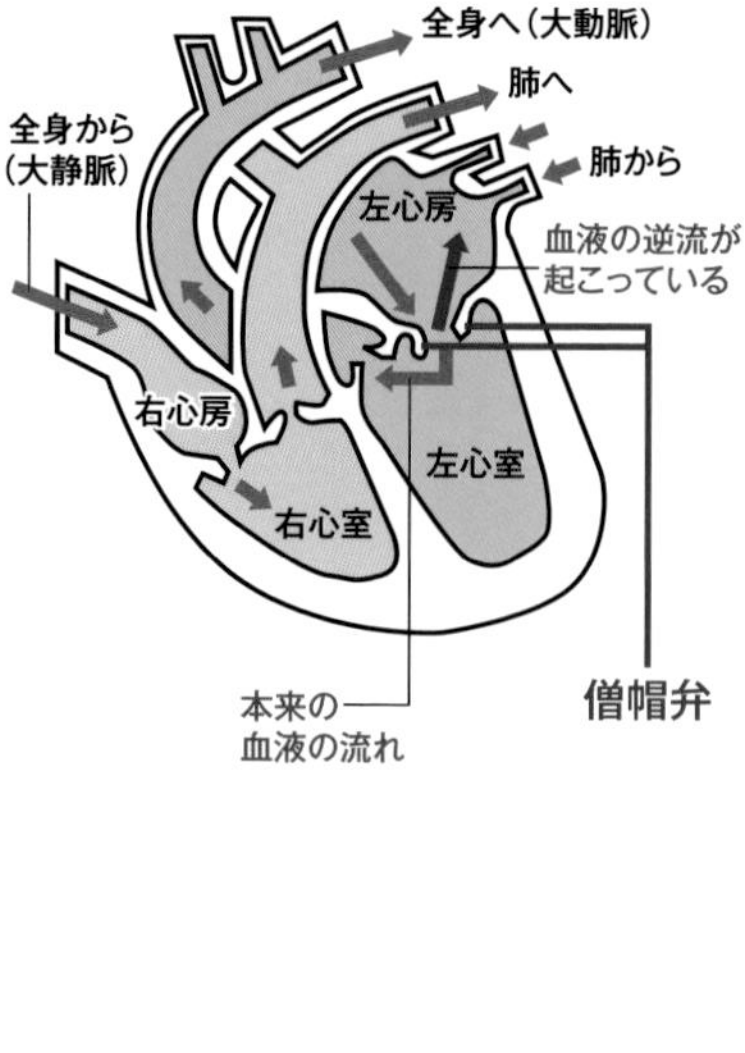

全身へ（大動脈）
肺へ
全身から
（大静脈）
肺から
左心房
血液の逆流が
起こっている
右心房
左心室
右心室
本来の
血液の流れ
僧帽弁

腫《しゅ》」を招きます。これが僧帽弁閉鎖不全症です。この病気が進行すると、弁自体が分厚くなったり、いびつになってさらなる逆流へつながってしまいます。肺水腫が起きると呼吸不全が進行して、場合によっては死に至ることもあります。いずれにせよ、早期の発見と状況に応じた適切な処置が必要な病気です。

キャバリアに多い理由

多くの犬種で遺伝的な要因による可能性が高いとされていますが、キャバリアについては遺伝が僧帽弁閉鎖不全症の素因（その病気にかかりやすい素質）であることがわかっています。発症時の年齢の差はありますが、キャバリアの9割以上がいずれ僧帽弁閉鎖不全症にかかるとも言われているのです。キャバリアはこの病気の発症率が高いために、小型犬のなかでも平均寿命が短いというデータもあるほどです。

症状

病気のサインを見過ごさないようにしましょう。

発症する時期

僧帽弁閉鎖不全症はある日突然起こるわけではなく、何年もかけて徐々に弁の締まりが悪くなって進行していきます。血液の逆流が顕著になってはっきりと症状が出てくる年齢は、5、6歳～12、3歳までのあいだが最も多くなっています。さらに、キャバリアの場合は、遺伝的な要因から1歳未満や1～2歳といった若いうちに発症することも少なくありません。年齢に関係なく注意すべき病気です。

主な症状

血液の逆流が生じても、心臓は通常通りの血液量を全身に流そうとがんばります。つまり、1回の収縮で送り出す血液の量が足りなければ、収縮の回数を増やして補おうと必死に動くのです。それが飼い主さんにとって症状がわかりにくい理由ですが、注意していれば気付くことができる症状をまとめました。

①咳

大きくなりすぎた心臓が気管を圧迫するので、犬は苦しくて咳をするようになります。すでに心拡大が起こっている証拠なので、速やかに治療を開始する必要があります。

②呼吸促迫《そくはく》

個体差はありますが、咳をするようになる前後で見られる症状が呼吸促迫です。寝ているあいだや安静にしているときでも、いつもよりハアハアと苦しそうな呼吸をすることが多くなります。

③運動不耐性

活発さがなくなり、すぐに疲れて休んだり、いつもより眠る時間が長くなります。加齢によるものと思われがちですが、実際は心臓への負担が原因ということもあります。

④失神

進行すると、心臓に過度な負荷がかかって失神することがあります。いちばん多いのが、興奮した後に突然倒れてしまうケースです。

以上のような症状がもし見られたら、すぐに動物病院を受診しましょう。

検査

治療方針を決めるために、
心臓の状態を
詳しく調べます。

●聴診

僧帽弁で血液が逆流していると、心臓に雑音（心雑音）が発生します。外見上は咳や呼吸困難などの症状が見られなくても、定期健診やワクチン接種前の検診で心雑音が認められて判明するケースもあります。獣医師以外にはなかなか判断が難しいので、かかりつけの動物病院を受診したときなど、念のために聴診をお願いしてみてもいいでしょう。

心雑音のグレード

第1度	集中して聴診するとかすかに聞こえる
第2度	かすかだが、聴診器を当てるとすぐにわかる
第3度	標準的な聞こえ方
第4度	犬の胸に手を当てると何となくざらざらした感触がわかる（雑音が響いている）
第5度	聴診器を当てると非常に大きく聞こえる
第6度	静かな場所で安静にしている状態なら、聴診器なしでも聞こえる

●超音波（エコー）検査

体内の超音波の反響を映像化して診断します。血液の流れがはっきりと映像化されるので、心雑音が生じない程度のわずかな逆流でも発見できます。この検査は麻酔なしででき、犬への負担も少ないので定期的に受けておくと安心。症状が出ていなくても、半年に1回のペースでの検査をおすすめします。

●血液検査など

心臓にかかった負荷の度合いを、ホルモン量で表す血液検査もあります。そのほか、治療中にはレントゲン検査や心電図検査を行うこともあります。

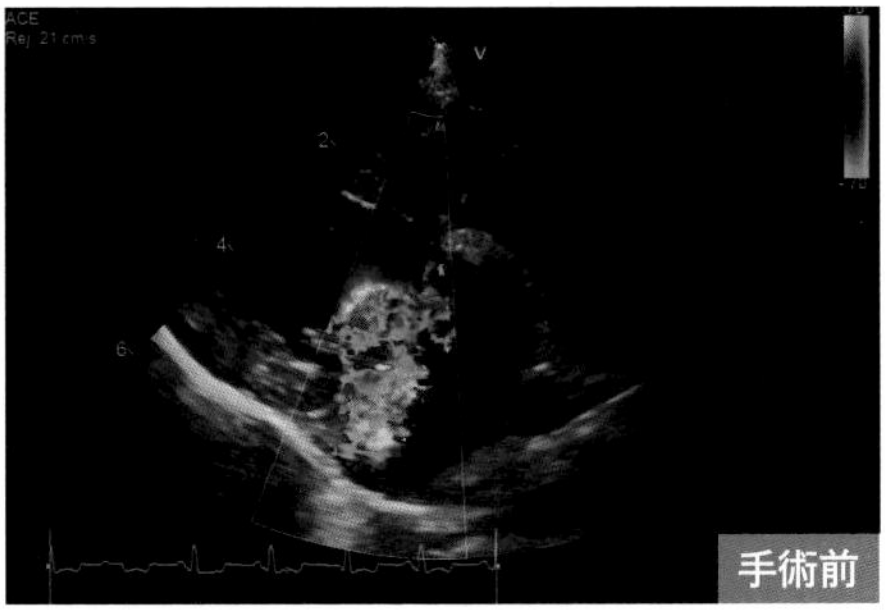

僧帽弁で血液が逆流している（色が付いている部分）。

↓

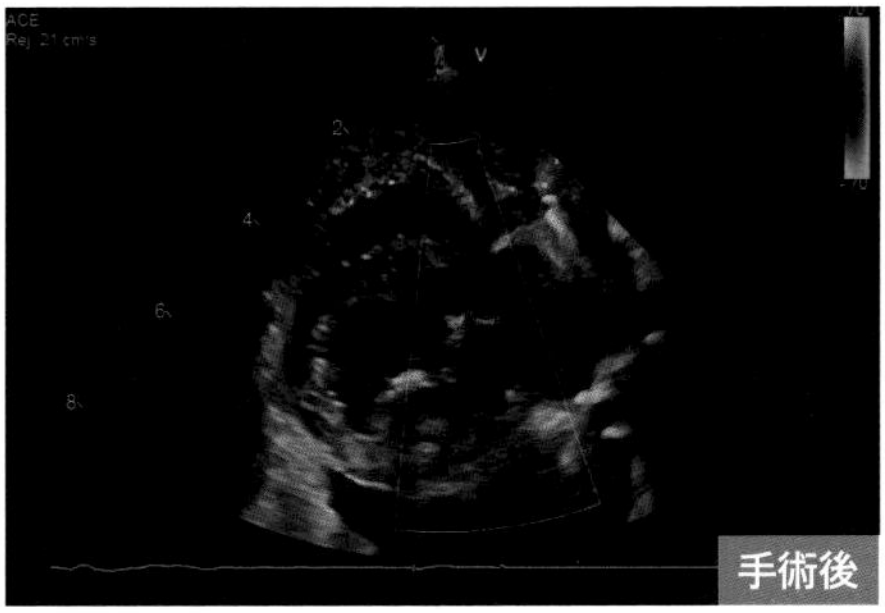

僧帽弁再建手術後、逆流がほぼなくなっている。

僧帽弁閉鎖不全症のステージ別症状

ステージA	ステージB1	ステージB2	ステージC	ステージD
心雑音などの症状は見られないが、先天的に発症のリスクが高い。	心雑音があるが、咳や心拡大の症状はなし。治療はせず、定期的な健康診断で経過を見守る。	心雑音があり、心拡大が認められる。肺水腫は起きていない。この段階から治療を開始する。状況により外科治療（手術）も検討される。	心雑音・心拡大に加え、咳や肺水腫の症状が出ている状態。症状に合わせて投薬治療を続け、場合によっては外科手術を行う。	ステージCよりも重症化した末期の状態。予断を許さない状況が続くため、入院による集中治療が必要。

2019年4月
アメリカ獣医内科学会(ACVIM)による
改訂のポイント

ステージ B2 の数値基準が変更されました。

- **VHS**
  (レントゲンでわかる指標)……10.5 以上
- **LA/Ao(左心房/大動脈経比)**
  (超音波検査でわかる指標)……1.6 以上
- **LVIDdn(標準左心室拡張末期内径)**
  (超音波検査でわかる数値)……1.7 以上

ステージB2で手術も視野に

これまでは、左記の3つの指標のうちひとつでも当てはまれば、ステージB2と診断されていましたが、「すべて当てはまること」と条件が変わりました。ステージB1の範囲が広くなり、より重症化した場合にステージB2と判定されるようになったのです。

しかし、ステージB2でも飼い主さんにとって、目に見えてわかりやすい症状(とても苦しそうな咳が続くなど)はありません。そのため、なかなか「手術」という選択肢を考えない飼い主さんも多いようですが、いずれ進行して重症化してしまうもの。早い段階で手術を受ければ劇的に症状が改善する可能性もあります。

ステージC、Dに進んだ時点での手術と比較すれば、合併症のリスクも低く、成功率もそれほど悪くないとされています。

ステージが進めば、当然そのぶんだけ年を取ります。高齢になればなるほど手術時の負担は増えるので、少しでも早い段階での決断が求められます。

内科治療

症状に合わせた
投薬治療を行います。

僧帽弁閉鎖不全症の治療は、アメリカ獣医内科学会(ACVIM)が提唱する、重症度別に分類したステージに合わせて行われます(P77参照)。キャバリアは遺伝的に心臓病のリスクが高いので、全頭ステージAの扱いとなります。心雑音が見られた場合はステージB1に分類されますが、まだ治療対象ではなく、超音波検査などで定期的に経緯を見ることになります。

内科治療(投薬治療)が開始されるの

は、心雑音に加えて心拡大などが見られるステージＢ２からになります。主に使用する薬は、血管拡張薬、利尿剤、強心剤です。

使われる薬

血管拡張薬	血管を広げることによって血流をスムーズにする。
利尿剤	尿（水分）の排出を促すことで体内を循環する血液の量を減らして心臓にかかる負担を緩和する。
強心剤	全身に送られる血液量の減少を防ぐために、心臓のポンプ機能をサポートする。血管拡張薬と組み合わせて使用する。

併発しやすい合併症

治療においては、合併症の予防も重要です。

●肺水腫

心拡大によって肺と心臓を結ぶ血管に圧力がかかると、血液中の水分が肺胞（呼吸のために酸素や二酸化炭素の出し入れを行う気管の組織）に浸み出します。肺の中に水分がたまると肺の組織が水びたしになり、うまく呼吸ができなくなります。

●肺高血圧症

心臓から肺へ血液を送る血管（肺動脈）の血圧が高くなることで、心臓や肺の機能が低下する病気。原因はさまざまですが、僧帽弁閉鎖不全症で心臓から肺に血液を送りにくくなり、そのぶん心臓からの圧力が強くなったことで起こることもあります。

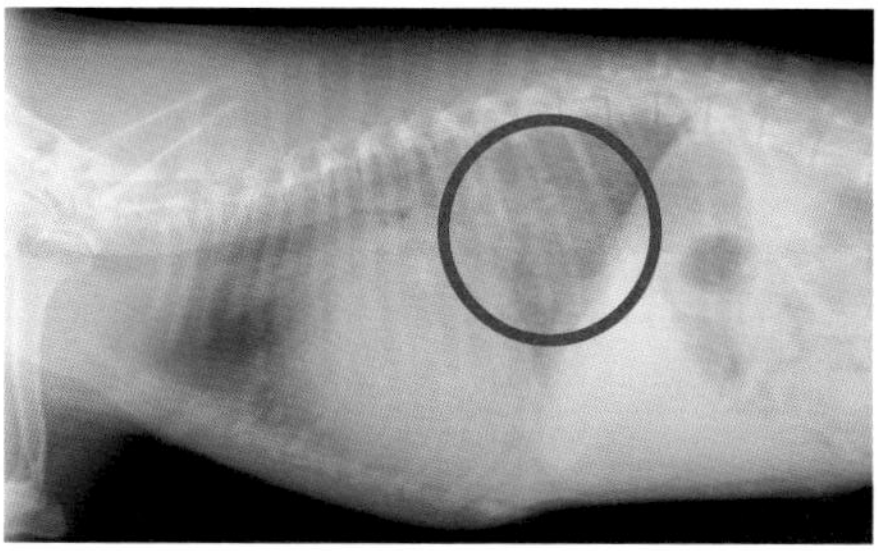

肺水腫が進行し、赤で囲った部分が白くなっているレントゲン写真。

●腎不全

加齢に伴い、腎臓という尿を作る臓器の機能が悪化することが僧帽弁閉鎖不全症では多くなっています。さらに、利尿剤の投与は腎臓へ少なからず負担がかかります。利尿剤の投与後、元気がなくなったり食欲が低下した場合、腎不全にはとくに注意が必要です。

●すい炎

脳と同様に血栓がすい臓に移って、血管のなかで詰まることが引き金となって起きます。すい臓が炎症を起こし、かなりの激痛を伴います。突然の嘔吐や食欲不振、下痢といった症状が主な症状です。

外科治療

手術でどのようにして
症状改善を目指すのか
解説します。

ステージＢ２以降は状況により外科治療（手術）を検討します。総合的な判断が必要となりますが、手術を検討する主なポイントは次の通りです。

- 投薬治療では改善が見られない
- 肺水腫を繰り返すため劇的な改善が必要となる
- 手術によって症状が大幅に改善される見込みがある
- 10歳以下で手術の負担に耐えられる

手術のメリットとリスク

●メリット

投薬だけでは進行が止められなかった症状の改善が期待できます。血液の逆流を許容範囲内に抑えることができれば、拡大していた心臓は元に戻ります。逆流が止まれば、経過次第で薬の投与が必要なくなることもあります。

●リスク

現在、犬の僧帽弁再建手術の成功率は約9割と言われています。数年前から比べると、獣医療の進歩によって確実に成功率は上がっていますが、手術中は心臓をいったん止める必要があることなどからリスクは少なからずあります。術後の合併症も含め、不測の事態がないとは言い切れないことを頭に入れておいてください。

外科手術の主な方法

弁輪《べんりん》縫縮術

弁輪とは弁の輪郭になっている円形の枠のこと。弁輪の周囲を囲って縫うことで弁全体のゆるみを修復する手術。犬の場合は僧帽弁の前側と後ろ側の弁のうち、前側の弁がゆるむ（傷む）ことが多いため、全周は縫わずに一部を縫うことが多いようです。弁がしっかり閉じるように縫えるかどうかは担当医の経験と感覚にゆだねられます。

各手術法の完了後は、縫合や縫縮した部分を二重に縫うことによって、術後の出血を防ぎます。

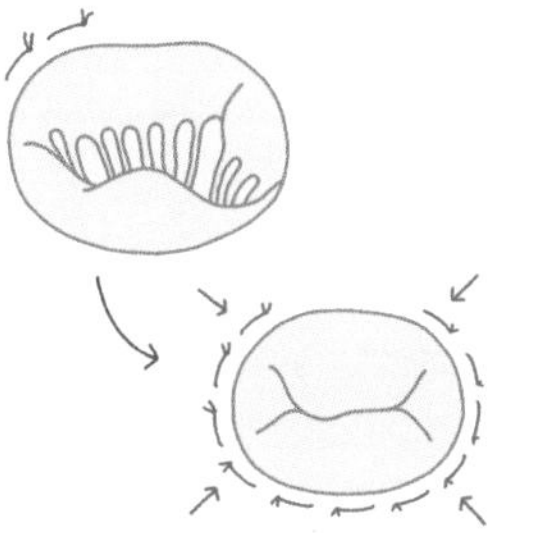

人工腱索《けんさく》再建術

腱索は僧帽弁と左心室をつなぐ糸状の組織で、弁がぴったりと閉じるように調整する役割を果たしています。この腱索が伸びたり切れたりしてしまうと、弁がしっかりと閉じなくなってしまいます。個体によって数は違いますが、10本前後で僧帽弁を支えています。この手術法では、傷んだ腱索の代わりに人工の腱索を縫うようにして再建し、弁を正常な状態に戻します。

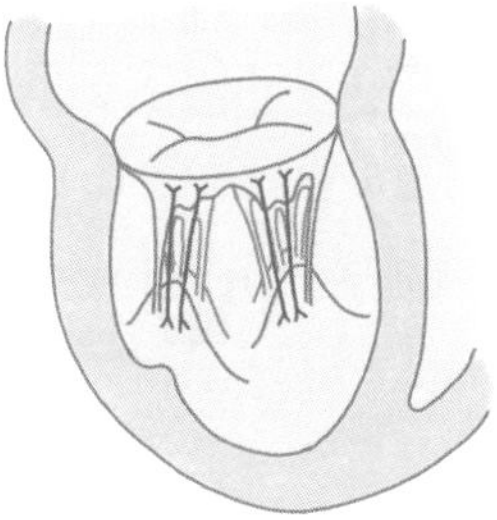

弁尖《べんせん》縫合術

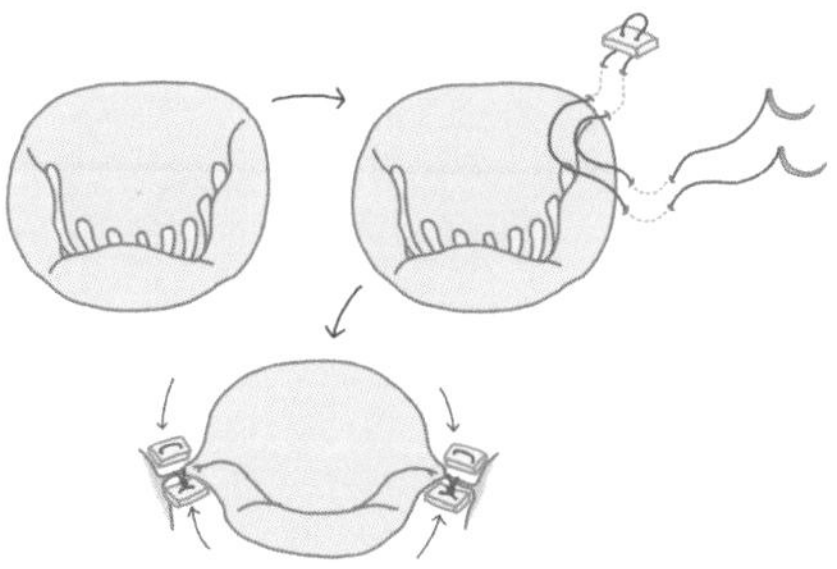

唇の端を閉じておちょぼ口にするように、弁尖（僧帽弁のなかの動く膜の部分）と弁尖のすき間を縫って血液の逆流を制御します。

人工心肺装置の使用

人工心肺装置は、心臓と肺の機能を体外で代わりに行う医療機器です。手術を受ける犬の心肺を停止させているあいだ、血液を滞りなく全身に巡らせます。手術中は、心臓を一定時間（60～90分）停止させることが必須となるので、この機器なしに行うことはできません。

手術のあいだ、人工心肺装置の血液ポンプで血液を低温にすることで、犬の体温を10度程度下げます。体温が下がると代謝量が半分ほどになり、手術中の各臓器の保護につながります。

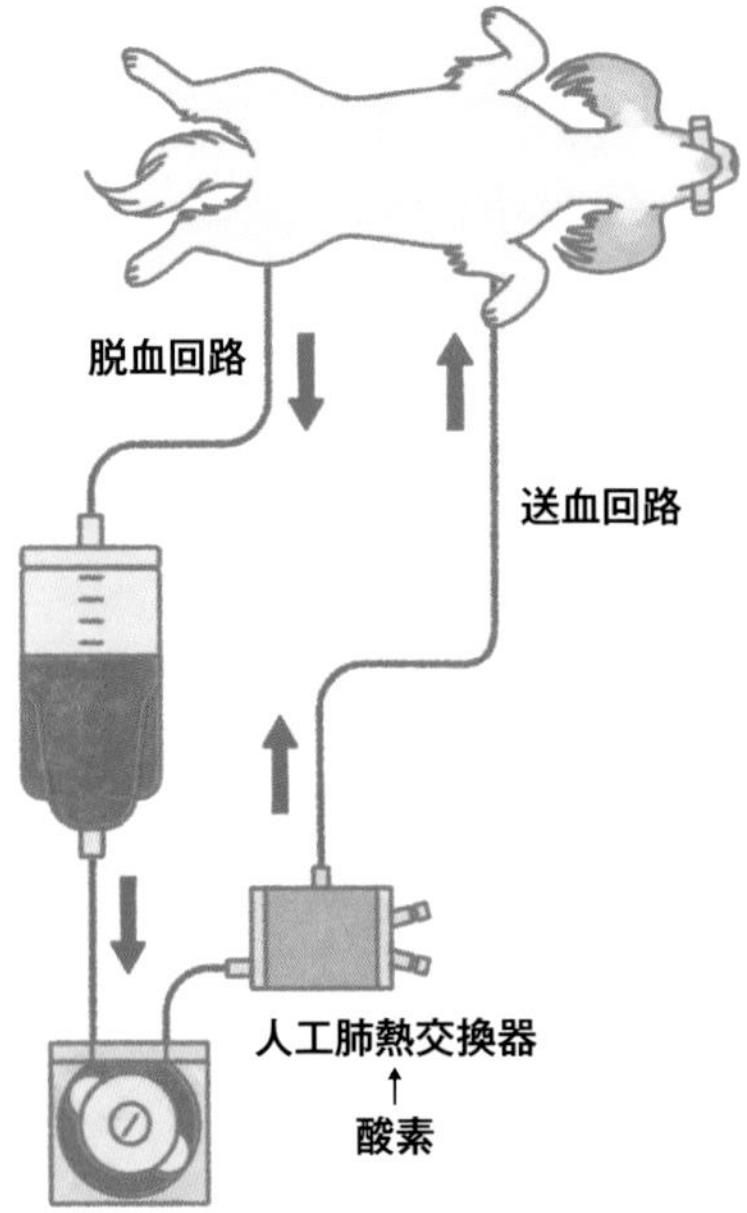

僧帽弁閉鎖不全症の手術で使われる人工心肺装置。この機器を使用して心臓を止めた状態で手術を行う。

手術後の処置

手術後は1～2週間の入院が必要となりますが、その期間で注意しなければならないのが「出血」と「血栓症」です。

●出血の予防

心臓のある胸腔《きょうくう》内の出血がないか、手術後24時間観察を続けます。手術時に設置した胸腔ドレーン（胸腔内にたまった余分な体液や空気などを体外に排出するためのチューブ）を用いて確認します。微量の出血があれば注射器で吸引し、多量の場合は再手術が必要となることもあります。

出血の予防策としては、輸血や血小板増加薬、止血剤の投与などがあります。

●血栓症の予防

手術後、心臓内では人工腱索などの「異物」から体を守ろうとする働きで血栓（血管の中で血液が固まったもの）ができることがあります。その血栓が心臓以外の場所（脳・肺・足・消化管など）に移動して血管をふさいでしまう（塞栓症《そくせんしょう》）と命にかかわることもあります。

予防には抗血栓薬（ヘパリン、クロピドグレル、オザグレルなど）が投与されます。手術後に安静が求められるのは、運動などによって血流が増加して血栓が移動するのを防ぐためです。獣医師の指示に従って、運動や興奮を避けるようにしてください。

手術後〜回復期の注意点

心臓での血液の逆流が抑えられて心拡大がなくなれば、体力や食欲は元に戻ると思います。獣医師の許可が出れば、通常の生活に戻っても良いでしょう。食事については、状況により療法食となることがあります。

ただし、散歩などの運動は術後1か月くらい経過して獣医師の許可が出るまでは控えてください。急に動いたり興奮すると、血栓症を引き起こしてしまう可能性があるのでくれぐれも注意してください。

手術後は、1か月、3か月、6か月、12か月と徐々に期間をあけながら経過をチェックします。

僧帽弁閉鎖不全症の治療において内科治療と外科治療のどちらを選択するかは、そのときの犬の症状、ステージ、年齢、健康状態などさまざまな要因がかかわってきます。愛犬の状況に応じて、獣医師と納得がいくまで相談をしてベストの治療法を検討してください。

治療法について
しっかり話を
聞いておくことで、
安心して治療に
専念できます

骨・関節系の病気

キャバリアがかかりやすい
主な骨・関節系の病気を確認しましょう。

キャバリアの骨と関節

加齢に伴う
足腰の衰えにも
要注意です。

キャバリアには、とくに骨や関節の病気が多いというイメージはないかもしれません。しかしシニア(10歳以上)の小型犬を対象とした調査では、約3割の犬が骨・関節系の病気を抱えているという結果もあります。これは、何らかのトラブルが起きていても若いうちはカバーできていたのが、体の衰えとともに表面化したと考えられます。つまり、飼い主さんが気付かないうちに、じつは愛犬が病気にかかっているかもしれないということなのです。

骨・関節系の病気は、放っておいて自然に治るものではありません。加齢やダメージの蓄積によって悪化するので、少しでも早く病気を発見してきちんと治療をすることが、回復へのいちばんの近道になります。ふだんと違う様子や動き方をしていたらすぐに動物病院を受診して、早めにトラブルを発見・対処できるようにしてください。

関節に負担をかける行動

- ジャンプする
- その場でぐるぐる回転する
- フローリングなど滑りやすい床の上で走る
- 飼い主が無理に運動させる
- 肥満になる

病気のサイン

愛犬の行動を
注意深く
観察しましょう。

骨や関節の病気は主に足腰で起こるため、どうしても歩き方や腰の動きだけに注目しがち。でも実際は、元気・食欲の有無やちょっとした動作にもサインが現れるのです。体を動かすのに支障があるほどではなくても痛みや違和感があるため、「何となく元気がない」、「運動したがらない」という変化につながります。

そうしたサインだけでは骨・関節の病気と直接つなげて考えにくく、また老化によるものと誤解されやすいため、飼い主さんが気付きにくいのが現状です。ふだんからそれほど運動量が多くない犬は、見分けるのが難しいかもしれません。

しかし、「足を引きずる」などのわかりやすい症状が見られるのは、すでに病気が進行したとき。治療をスムーズにするため、また愛犬の苦痛を減らしてあげるためにも、初期の小さな変化にいち早く反応して、動物病院で診てもらうことが大切なのです。左のチェックリストを参考に、愛犬が痛みを我慢していないかどうかを確認しましょう。

さらに、ふだんの何気ない遊びや動作が、骨と関節に負担をかけてしまうこともあります。とくに骨・関節の病気を抱えている（抱えていた）犬は、運動量や運動のしかたに気を付けないと悪化する恐れがあるので、負担をかけそうな運動は避けましょう。

骨・関節の痛みチェックリスト

- ☐ 散歩に行きたがらない
- ☐ 散歩中は走らず ゆっくり歩く
- ☐ 階段や段差の 昇り降りを嫌がる
- ☐ 階段や段差の昇り降りが ゆっくりになる
- ☐ あまり動かない（遊ばない）
- ☐ ソファーなど 高いところへの 昇り降りをしない
- ☐ 立ち上がるのがつらそう
- ☐ 元気がなくなった ように見える
- ☐ しっぽを 下げていることが多い
- ☐ 寝ている時間が 長くなった、 または短くなった

膝蓋骨《しつがいこつ》脱臼

小型犬は
膝関節のトラブルが
多くなっています。

膝蓋骨（膝のお皿）が正しい位置からずれてしまい、痛みを感じたり、足が曲がってしまう病気です。子犬のころから症状が現れるケースも多くなっています。また、事故による足のケガが原因となることもあります。症状が軽いときは、犬が自分でずれた膝蓋骨を戻したりバランスをとったりして歩けるので、飼い主さんが気付きにくいのがやっかいなところです。

ただ、シニアになると体のコントロールがうまくできなくなるため、さらに悪化して歩き方がおかしくなったり、前十字靭帯断裂（膝関節を構成する靭帯のひとつが切れること）につながる恐れもあります。

症状と治療

膝蓋骨が脱臼した状態が長く続くと、足を痛がる、膝関節が抜ける、散歩中に足を伸ばす、後ろ足に力が入らない、極端なX脚やO脚になるといった症状が現れるようになります。

動物病院では、膝への触診やレントゲン検査などを行って診断。症状が軽く痛みがなければ、足に負担をかけない適度な運動で関節の動きを良くしながら症状の改善を目指します。強い痛みがあったり、つねに脱臼している場合は、膝蓋骨を正しい位置に戻してキープするための外科手術が必要になることもあります。

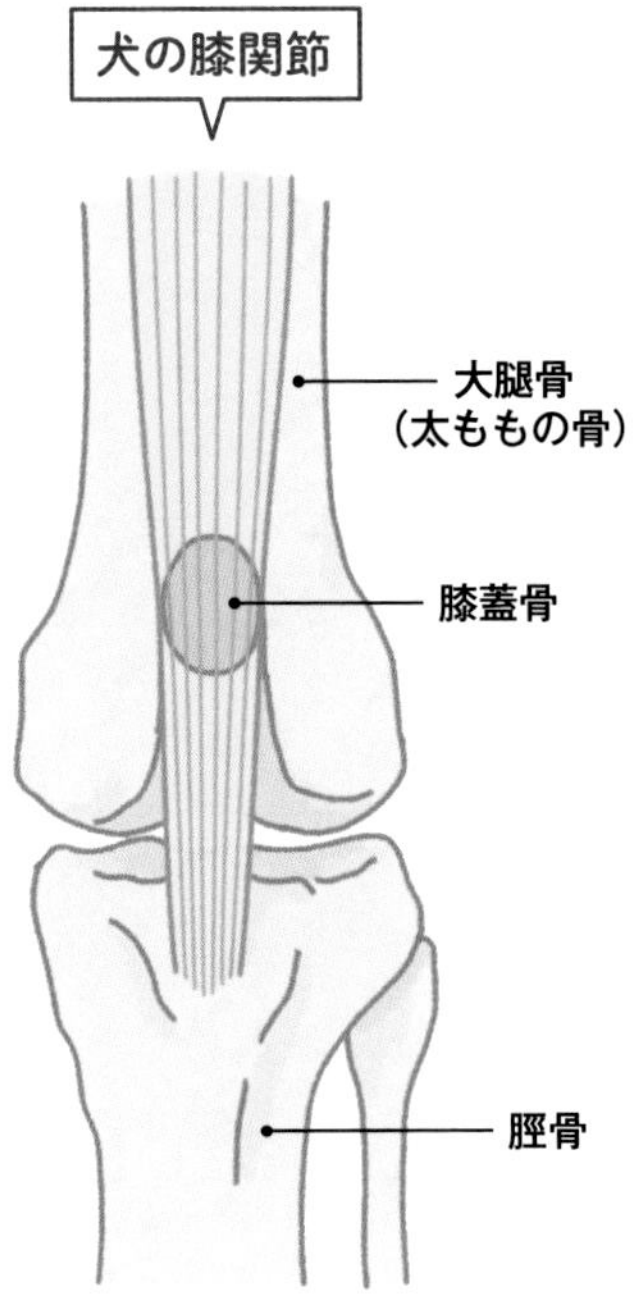

変形性脊椎症
変形性関節症

脊椎のトラブルにも
注意が必要です。

犬の背骨には首〜腰までに27個の骨（椎骨《ついこつ》）があり、その中を脊髄が通っています。この骨が何らかの原因で変形し、脊髄を圧迫してしびれや痛みが起こるのが変形性脊椎症です。年をとると発症のリスクが高くなりますが、若いときに発症することもあります。

変形性関節症は、関節で起きた炎症が原因で痛みが出たり、曲げ伸ばしの動作がしにくくなる病気。加齢や、過去にかかった関節の病気が原因で起こります。比較的シニアになってから発症する犬が多いようです。

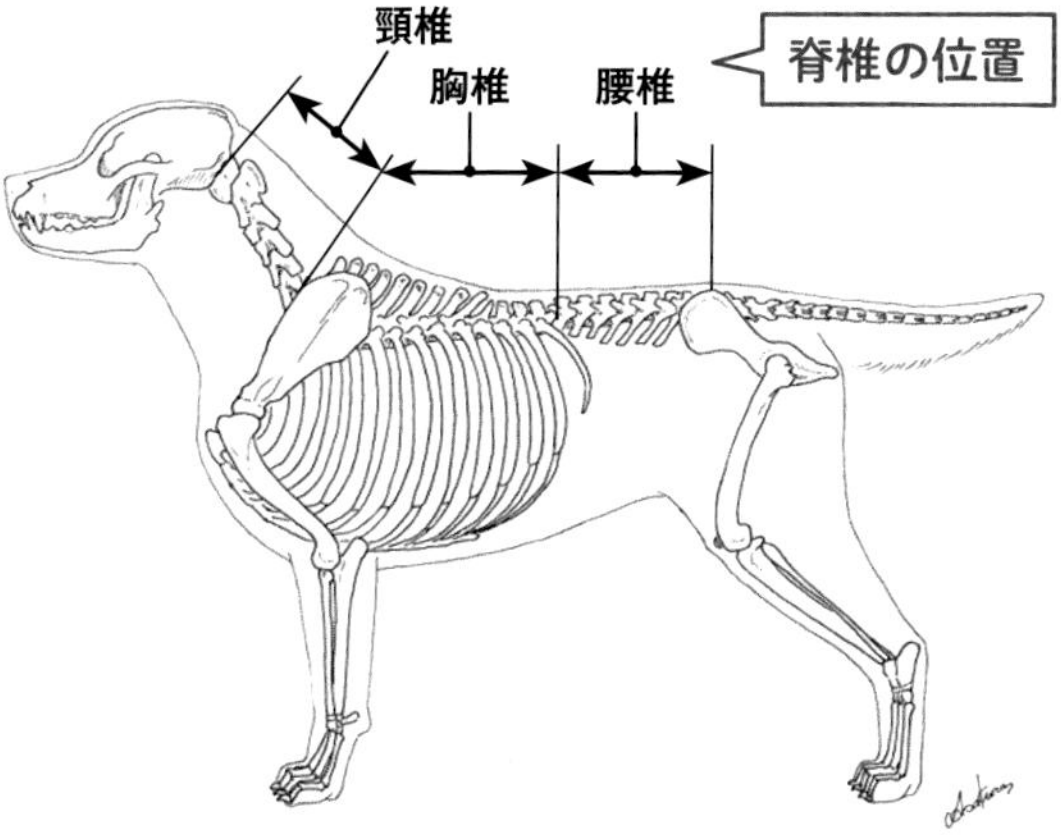

症状と治療

首・背中・腰などをさわると嫌がる、歩き方がぎこちない、足先を引きずったりふらついたりする、突然立てなくなるといった症状が見られます。

炎症を抑える消炎鎮痛剤や関節保護剤を使って痛みをやわらげたり、ダメージを負った関節軟骨の再生を促します。重症の場合は、外科手術の対象となることもあります。

memo

リウマチなどの免疫介在性関節炎も、やや多い傾向があります。この病気はある程度進行してからでないと症状が現れないため、愛犬の動きに異変を感じたらできるだけ早く動物病院を受診してください。

大腿骨頭壊死症

小型犬に多い病気なので、要注意。愛犬の様子をよく見てあげましょう。

原因と症状

小型犬の成長期（1歳未満）によく見られる股関節の疾患です。レッグペルテス病とも言われ、大腿骨頭（太ももの骨と骨盤をつなぐ部分）に十分な血液が供給されずに壊死する病気です。発症すると成長期に関節の形状が正しく作り上げられず、股関節にゆがみが生じます。痛みから発症したほうの足を使わなくなるため、関節そのものがねじれたり、筋肉が萎縮してしまいます。

診断と治療

触診して関節の可動域が狭くなっていたり、痛みを感じているようなら、レントゲン検査を行います。股関節の形状に異常が見られたり、筋肉量が減少している場合は大腿骨頭壊死症と診断します。

　できるだけ早い段階での治療が効果的。大腿骨頭切除術に加えて数か月かけてリハビリテーションを行うことで、股関節の痛みがなくなり、通常の生活が可能になります。

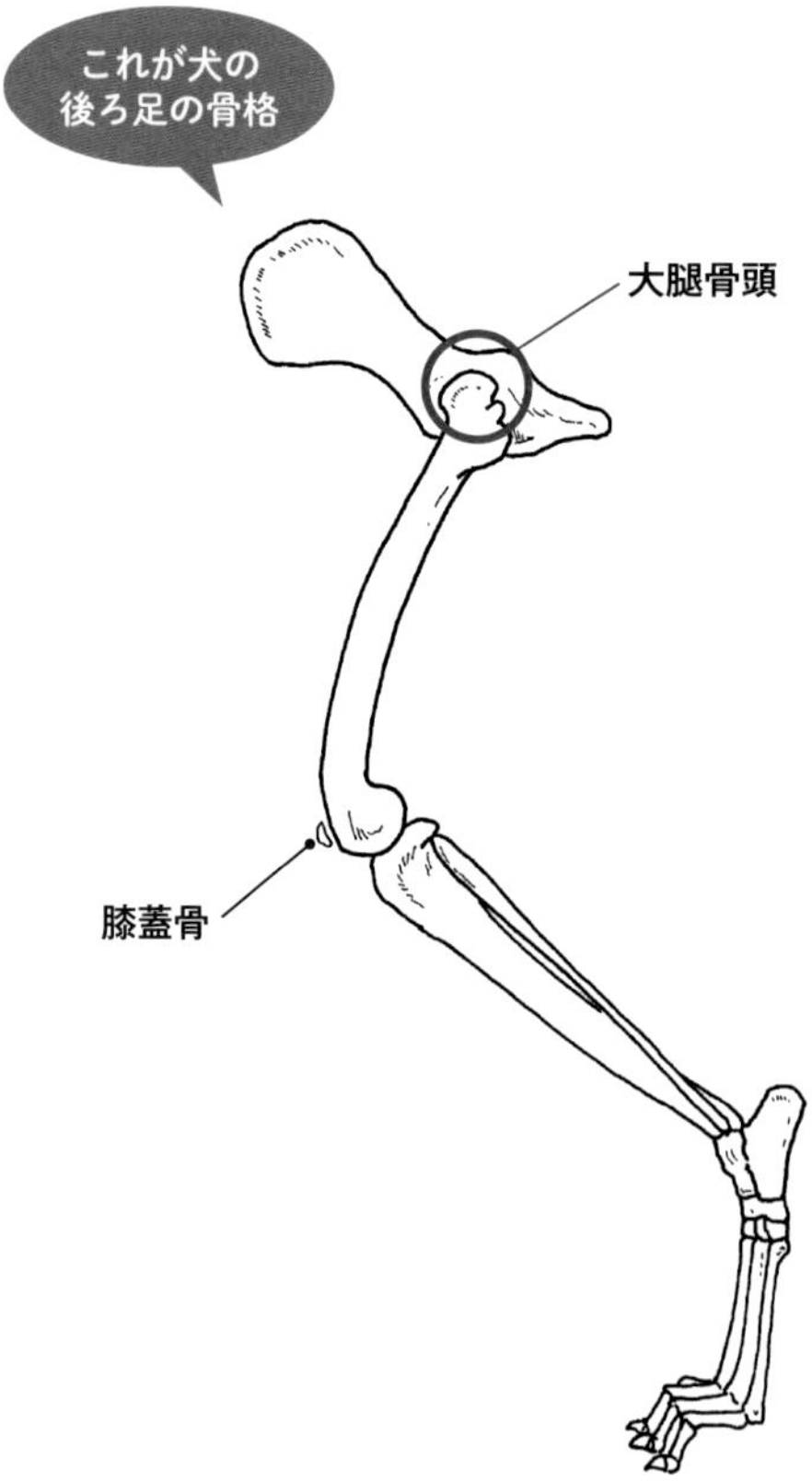
これが犬の後ろ足の骨格
大腿骨頭
膝蓋骨

キアリ様奇形と脊髄空洞症

他犬種と比べると
かかるリスクの
高い病気です。

原因と症状

先天的な頭蓋骨の形成異常が引き起こす病気です。頭蓋骨の後ろ側、脊髄が出ていく孔《あな》が正常な犬よりも大きく開いており、小脳の一部がそこから滑り出して脳幹を圧迫します。

このキアリ様奇形から引き起こされることが多い脊髄空洞症は、脳脊髄液の流れに変化が起き、脊髄の中に液体がたまってさまざまな症状が現れます。なお、脊髄空洞症はほかの原因によって起きることもあります。

キアリ様奇形とその後生じた脊髄空洞症のため、脳や脊髄が圧迫されることで、次のような症状がみられることがあります。

- 発作
- ふらつき
- 斜頸《しゃけい》(ふだんから首を傾けている状態)
- 前足の軽度の不全麻痺《まひ》[*1]やすべての足での不全麻痺
- 知覚過敏
- 尾追い行動[*2]
- 首の痛み　など

少し変わった特徴的な症状として、〝首を後ろ足でしきりにかくようなしぐさ〟をすることがあります。

キャバリアは元々外耳炎や皮膚疾患も多い犬種なので、皮膚病だと思って治療を続けてきて、治った後も症状が治まらないということから、この病気を疑う場合もあります。

また、キアリ様奇形や脊髄空洞症があっても何の症状も出ないケースも少なくありません。

＊1　麻痺はあるが少しでも動く状態で、軽度・中度・重度に分けられる。

＊2　常同障害と呼ばれる同じことを繰り返す行動。ほかに体の一部をなめたりかき続けることも。

診断と治療

●MRI検査

前述のような症状が出るほかの病気の可能性を考えて、血液検査やレントゲン検査を実施。その結果、当てはまる病気がなければ、最終的な診断のためにMRI検査が必要になります。そうなると、大きな二次診療施設か、画像診断の専門施設などをかかりつけの動物病院から紹介してもらうことがほとんどです。動物の場合は、全身麻酔をした上でMRI検査を行います。麻酔時間は数十分からときには1時間以上もかかることがありますが、神経の状態を画像できれいに見ることができる唯一の方法です。

●外科手術という選択肢

症状が出ていなければ、治療の必要はありません。症状が軽いようなら神経の浮腫[*3]を取るステロイド薬や、鎮痛剤、発作止めなど、症状に合わせた薬を使いながら長く付き合っていくことになります。

症状が重かったり、内科療法でコントロールできないときは、神経の出口になる頭蓋骨の骨を少し削って出口を広げるといった外科手術を検討することもあります。

＊3　組織に余分な水がたまること。むくみ。

チワワや
ポメラニアンなど、
頭部が小さめな犬種が
かかりやすいと
言われています

毎日の習慣は
健康のバロメーター。
散歩時など、愛犬にいつもと
変わった様子がないか
確認しましょう

そのほかの病気

ほかにも、キャバリアによく見られる病気があります。
その症状と対策を部位ごとに解説します。

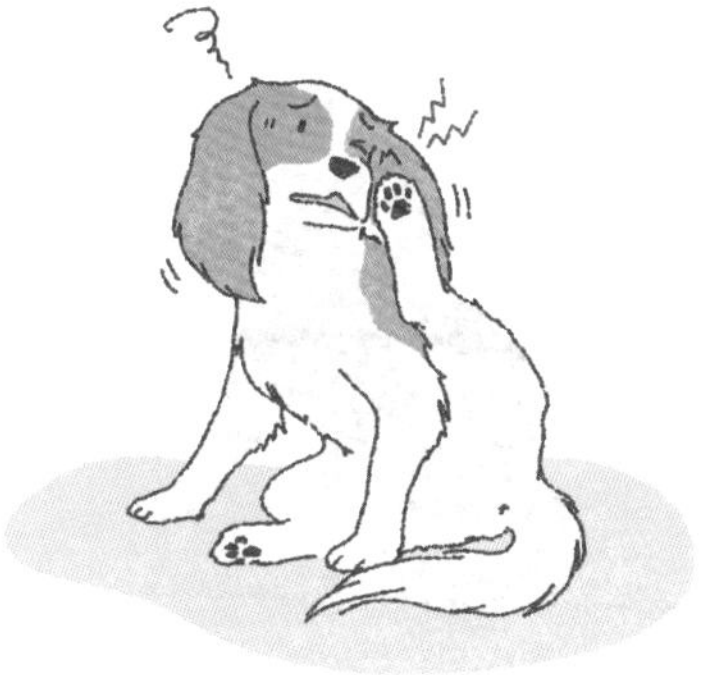

外耳炎

ニオイやかゆみといった
症状が特徴的です。

原因と症状

外耳炎の原因には耳ダニやアレルギー、アトピー性皮膚炎、異物（綿棒の綿や草の種ｅｔｃ）などさまざまなものがあります。垂れ耳で耳の中が蒸れやすいキャバリアは、とくにマラセチアという菌が原因になることが多いようです。発症すると耳が赤く腫れて、さまざまな色でニオイのある耳垢が出てきます。さらに後ろ足で耳をかいたり、頭をぶるぶると振ったりします。

治療と予防

原因によって治療法が違うので、動物病院でしっかりと診察を受けることが重要です。耳ダニは駆虫剤、アレルギーやアトピーは抗アレルギー剤、マラセチアや細菌は抗菌剤を主に使います。また、食事が発症の原因になっていることも多いので、その場合には獣医師と相談して食生活を見直してみてください。

予防のためには、日常のお手入れの一環として耳の中をこまめにケアし、異常がないかチェックするようにしましょう（Ｐ58参照）。

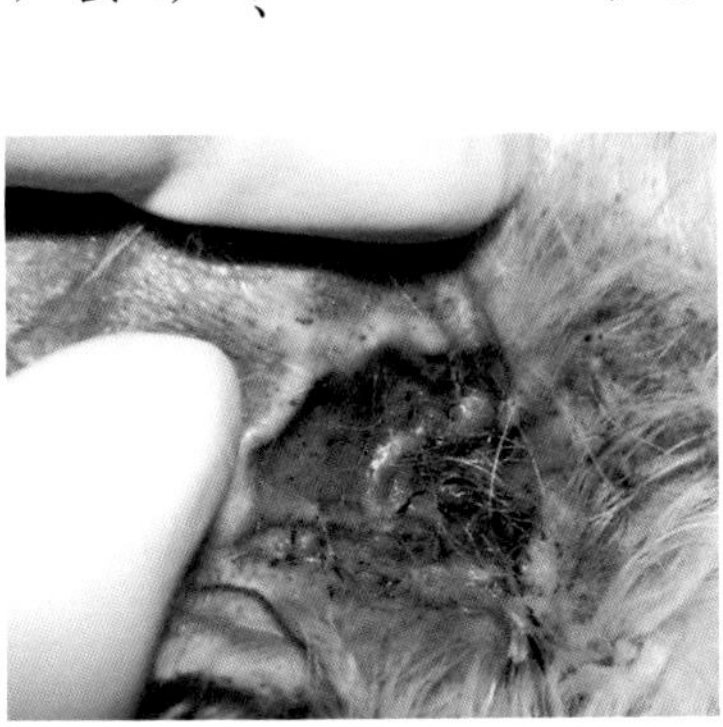

外耳炎を発症し、耳の内側が赤く腫れた状態。

てんかん

発作が起こった時の
対処方法を
覚えておきましょう。

原因と症状

　突然けいれん発作を起こす病気で、心臓や呼吸器などの臓器に異常が見られず、脳の障害が原因となるものをてんかんといいます。キャバリアは遺伝的にてんかんが起こりやすい犬種と言われています。急に落ち着かなくなってうろうろしたり、頭を振ったり、よだれを流したりといった軽いものから、全身性の激しいけいれんまでさまざまな症状があります。

治療と予防

　発作が起こったときには慌てず、バスタオルなどをかけて犬の視界を暗くした状態でしばらく静かにします。人間のように舌がのどに詰まることはないので、口の中に指や割り箸などを入れてはいけません。ほとんどの場合は数十秒で落ち着くので、動物病院へ電話し、その後の処置を仰いでください。

　予防には、適切な抗てんかん薬を決められた量、決められた時間にきちんと飲ませることが大切です。てんかんを持っているワンコはなるべく興奮させず、ゆったりとした生活をさせてあげましょう。

軟口蓋《なんこうがい》過《か》長症《ちょうしょう》

ふだんの呼吸の様子を
よく観察し、無理をさせない
ことがポイントです。

原因と症状

　のどの奥の、口と鼻を分けている軟口蓋が腫れて気管の入り口をふさぎ、空気が通りにくくなります。軽いうちはいびき程度の症状ですが、進行すると呼吸困難を起こしてしまいます。キャバリアのように頭の大きさに比べて口吻《こうふん》（マズル）が短い犬種に多く見られます。

治療と予防

いびきが大きかったり、ふだんから息が荒くなりやすい犬は、人間がスポーツのときに使う酸素缶を準備して、呼吸困難になったらすぐに酸素を与えてください。

太ると症状が悪化するので、肥満にさせないことも重要です。また、気温の高いところに連れて行ったり、長時間運動をさせるのも避けてください。

チェリーアイ

痛みはないものの、
見えにくさや
見た目に影響が出ます。

原因と症状

犬の目の内側から、ピンク色の膜が出ているのを見ることがあります。これは瞬膜（第三眼瞼《がんけん》腺）と呼ばれるもので、この瞬膜が腫れて、目の内側からはみ出したまま元に戻らなくなる状態がチェリーアイです。涙が多くなることがありますが、痛みはないので犬自身はあまり気にしないようです。

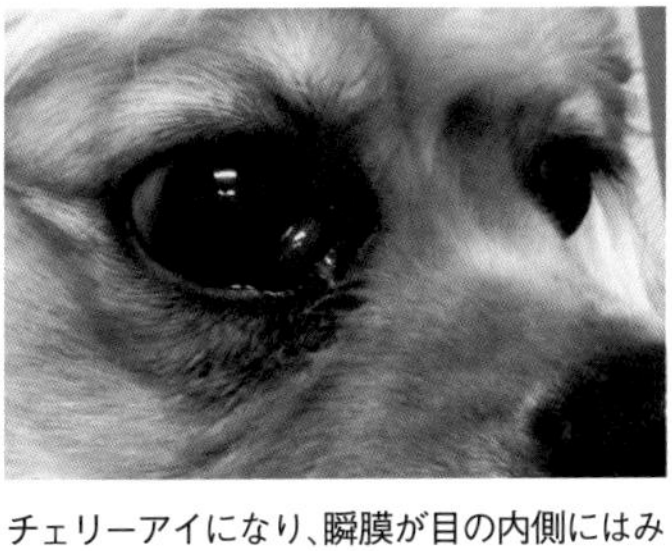

チェリーアイになり、瞬膜が目の内側にはみ出した状態。

治療と予防

早期であれば、瞬膜を元の位置に戻して消炎剤などを使うことで落ち着きます。時間が経つと元に戻らなくなるので、手術で瞬膜を目の奥に縫いつけて固定することもあります。

キャバリアのチェリーアイには遺伝的な原因が多いため予防は難しいですが、一般的には結膜炎などを早期に治療することで発症を防ぐことができます。

角膜ジストロフィー

目の状態をよく確認し、早めに動物病院で検査をしましょう。

原因と症状

黒目の部分（角膜）に見られる遺伝性の病気で、角膜にコレステロールやリン脂質、中性脂肪などが沈着することにより起こります。左右の目の同じ位置に対称的に白く濁った部分が現れ、角膜全体がくすんだり、青みがかったりします。

治療と予防

角膜潰瘍《かいよう》などよく似た病気も多くあります。そのため、眼科検査や血液生化学検査、ホルモン検査などを行い、ほかの病気でないことをしっかり確認することが大切です。しかし、残念ながら現在のところ効果的な治療法はありません。濁った部分を手術によりはぎ取ることはできますが、ほとんどの例で再発してしまいます。ただし、失明にまで進行してしまうことはめったにありません。まずは、目の濁りを見つけたら早めに動物病院で診てもらうようにしましょう。

白内障

シニア期に起こりやすく、注意したい目の病気です。

原因と症状

カメラのレンズと同じ働きをする水晶体が濁ることで、視力が徐々に低下していきます。目が白く見えたり、歩いていて物にぶつかるようになったりします。また、散歩やボール遊びなどをしたがらなくなることも、白内障の症状のひとつです。

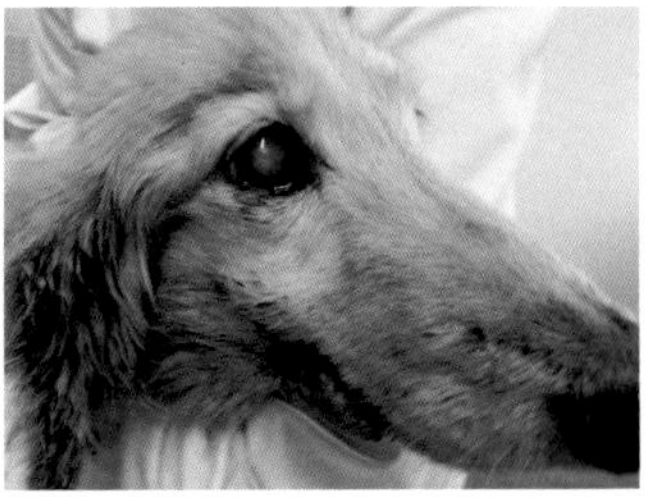

目が白濁しているように見えるのが特徴。
少しでも兆候があれば動物病院へ。

治療と予防

進行を遅らせる点眼薬の使用を継続することが、治療の第一歩です。進行すると視覚は完全に失われ、外科手術が必要になります。特効的な予防方法はありませんが、動物病院でチェックすれば簡単に診断できる病気です。目の状態に異常を感じたり、愛犬の行動に変化が見られたら、できるだけ早く獣医師に相談しましょう。

乾性角結膜炎

早期発見・治療によって
進行を遅らせることが
大切です。

原因と症状

涙が不足し、角膜、結膜が持続的に乾燥状態になることで引き起こされます。膿のようなドロッとした目やにが大量に出る、かゆみや痛みが生じる、目の表面が白く濁るなどの症状があります。さらに乾燥状態が長期間続くと、角膜上皮が厚くなって黒い色素の層が沈着してしまいます。この層により、視力が低下します。

治療と予防

異常な免疫反応を抑える抑制剤を中心に、ステロイドや抗生物質の目薬を点眼したりします。完治しにくい角結膜炎の場合は、生涯にわたって目薬を使って症状をコントロールする必要があります。進行する病気なので、早い段階で気付いて治療を開始することが大切です。

目の表面が脂状の目やにで覆われています。

糖尿病

さまざまな臓器に
影響が出ることもあるので
要注意です。

原因と症状

すい臓から分泌されるホルモンのインスリンが不足して血液中のブドウ糖濃度が高くなり（高血糖）、さまざまな不調をきたす慢性的な疾患です。食欲があるのにどんどん痩せてきたり、水をたくさん飲んで尿もたくさん出るようになったりします（多飲多尿）。病気が進行すると血液やリンパの循環が阻害され、酸素不足のためあらゆる臓器に症状が出てきます。具体的には、肝不全、腎不全、白内障、敗血症などが挙げられます。

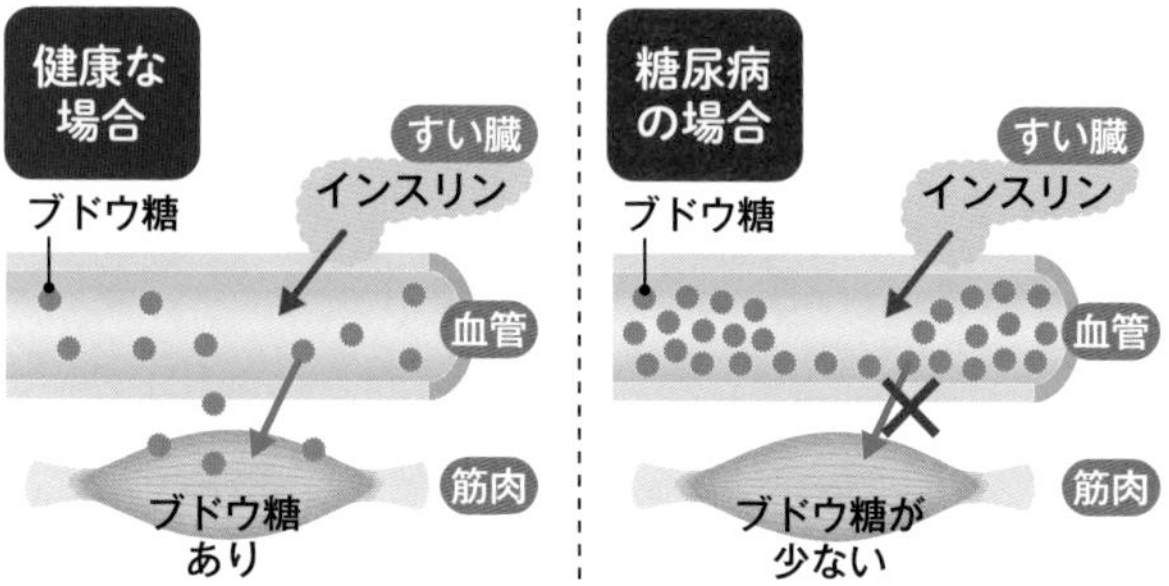

健康な場合
すい臓
インスリン
ブドウ糖
血管
筋肉
ブドウ糖あり
糖尿病の場合
すい臓
インスリン
ブドウ糖
血管
筋肉
ブドウ糖が少ない

治療と予防

定期的に血糖値を測定してインスリンの投与量を決め、自宅で毎日注射を打つことになります。注射をするのはとまどうかもしれませんが、すぐに慣れるので心配はいりません。糖尿病の予防で大事なのは、肥満を防ぎ、代謝・栄養バランス・体力を整えることです。適度な運動と適切な食事管理を行いましょう。糖尿病の症状が見られたら、採取した尿を持参して、動物病院で診てもらいましょう。

歯周病

歯みがきを怠ると、
あっという間に
症状が進行してしまいます。

原因と症状

口腔ケアをしていないと、歯と歯ぐきの境目に歯石が付着します。そして歯周病菌の働きで歯と歯ぐきの接着がはがれ、歯周ポケットができていきます。さらに進行すると歯を支えるあごの骨が溶けはじめ、歯がぐらついたり抜け落ちたりします。この一連の流れを総称して、歯周病と呼びます。口の中での出血、歯ぐきの炎症による異臭、強い痛みや食欲の低下などが起こります。

治療と予防

ふだんから歯みがきなどのケアを行い、歯石を沈着させないことがいちばん重要です。歯石が付いたら、早めに動物病院で除去しましょう。歯周ポケットの歯石除去は、鎮痛剤や麻酔を使わなければなりません。歯周病が進行すると、全身麻酔での抜歯処置をすることになります。

短頭種気道症候群

大別して
短頭種と呼ばれる犬種
ならではの病気です。

原因と症状

キャバリアは鼻が短い犬種で、気道の中に何か所か狭い部分があります。そのため、短頭種気道症候群と呼ばれる呼吸の障害が出やすくなってしまいます。ガーガーといういびきのような呼吸音や、運動後に疲れやすい、興奮時に舌の色が青くなるといったサインが見られたら、この病気の可能性があります。

治療と予防

症状の程度によって異なりますが、ふさがった気道を手術で開いて呼吸しやすくしたり、薬で気道を拡張させることで治療します。太ると気道が圧迫されやすく、症状が悪化する場合があるので、適切な体重を維持することが重要です。

キャバリアのための栄養学

食事と栄養は健康の基本。
人と犬の違いやキャバリアならではのポイントをご紹介します。

犬の栄養の基礎

まずは、人間と少し異なる“犬の栄養学”について学びましょう！

「6大栄養素」とは

生き物の命の源である栄養素は、「炭水化物、たんぱく質、脂質、ビタミン、ミネラル、水」の6種類。体に必要なエネルギー源となるのは、炭水化物、たんぱく質、脂質です。炭水化物＝4㎉、たんぱく質＝4㎉、脂質＝9㎉（いずれも1gあたり）のエネルギーを体に供給することができ、3大栄養素と呼ばれています。

炭水化物はエネルギー源であると同時に、そこに含まれる食物繊維が腸管の健康をサポート。たんぱく質は、エネルギー源であるとともに体を作る働きがあり、脂質は効率の良いエネルギー源で、かつホルモンなどの生理機能を維持するという役割があります。

ビタミンやミネラルは、3大栄養素が体内でエネルギーに変換されるときや体を調整するために必要であり、水は生命維持に欠かすことができません。生物の体は、60～70％が水で構成されているので、たった10％の脱水が命取りになることさえあるのです。

栄養素と食品の関係

「●●源」という言葉を知っていますか？これは、水以外の栄養素で食品中に最も多く含まれる栄養素を示しています。たとえば肉は水が約70％、たんぱく質が20％前後、残りが脂肪、炭水化物、ビタミン、ミネラルといった栄養構成です。この場合、肉は「たんぱく質源」ということになります。炊いたごはんは水が60％、炭水化物が37％で、残りがそのほかの栄養素で構成されているので、「炭水化物源」と考えます。ナッツやゴマ

6大栄養素の主な働きと供給源

	主な働き	主な含有食品	摂取不足だと？	過剰に摂取すると？
たんぱく質源	体を作る エネルギー源	肉、魚、卵、 乳製品、大豆	免疫力の低下 太りやすい体質	肥満、腎臓・ 肝臓・心臓疾患
脂質源	体を守る エネルギー源	動物性脂肪、 植物油、ナッツ類	被毛の劣化 生理機能の低下	肥満、すい臓・ 肝臓疾患
炭水化物源	エネルギー源 腸の健康	米、麦、トウモロコシ、芋、豆、野菜、果物	活力低下	肥満、糖尿病、 尿石症
ビタミン	体の調子を 整える	レバー、野菜、果物	代謝の低下 神経の異常	中毒、下痢
ミネラル	体の調子を 整える	レバー、赤身肉、牛乳、チーズ、海藻類、ナッツ類	骨の異常	中毒、尿石症、 心臓・腎臓疾患、 骨の異常
水	生命維持		食欲不振 脱水	消化不良、軟便、 下痢

などの種子類は、油が作られるほど脂質を多く含むので「脂質源」となります。一方で、食品にはそのほかにも栄養素が含まれています。たとえばひと口に「肉」と言っても、種類や部位の違いによってたんぱく質以外に脂肪の量も異なるため、気付かぬうちに高脂肪の食事となっている場合があるので要注意です。

犬には犬の栄養バランス

この6大栄養素が、どのようなバランスでどれだけ必要かは種族によって異なり、犬には犬に必要な栄養バランスがあるのです。人間は雑食動物なので主食は「炭水化物」であり、犬は肉食動物（実際には肉食寄りの雑食動物）なので主食は「たんぱく質」です。

食品がエネルギーに変換されるための代謝には、「ビタミンB群」が重要な働きをします。炭水化物の代謝にはビタミンB1が、たんぱく質の代謝にはビタミンB6がそれぞれ働きます。たんぱく質主体の食事をする犬は、ビタミンB6の必要量が人間よりも多く、人間はビタミンB1の必要量が犬よりも多いということになります。

また、愛犬に野菜を食べさせている人も多いと思いますが、犬の消化器官は炭水化物や食物繊維が多すぎる食事だと効率良く栄養を吸収できません。さらに、野菜（または食物繊維）の与えすぎは腸内環境を乱す原因となることがあります。野菜は全体量の1〜2割以内を目安にし、ウンチが黄色い、やわらかい、おなかがゴロゴロ鳴るようなら量を減らしましょう。

キャバリアの栄養と食事管理

キャバリアの栄養面でとくに気を付けたいことを、ポイントをしぼって解説します。

犬種特有の傾向

ワンコの健康管理のポイントは生涯を通じて「栄養バランスのとれた食事」と「適正体重の管理」ですが、やはり犬種による違いやなりやすい病気は気になるもの。キャバリアは、結膜炎や白内障などの目の病気、膝蓋骨脱臼、僧帽弁閉鎖不全症、糖尿病などにかかりやすいと言われています。

キャバリア特有の体の構造や体質から、栄養や食事の面からは「目の疾患」と「肥満」にかかわる病気に気を付けたいものです。目の健康と体重管理について食事管理の面から理解を深め、日常的に栄養素の過不足がないよう心がけましょう。

目の健康を保つために

キャバリアの目は大きく飛び出しているので、環境的にも機能的にもストレスがかかりやすい条件を備えています。ストレスが高いとフリーラジカル（活性酸素）が多く発生し、細胞や機能に障害を与えます。体にはこのフリーラジカルを消去する働きがありますが、加齢に伴ってその能力は低下していきます。

そのため、フリーラジカルを消去する働きのある「抗酸化成分」を食事やサプリメントで摂取することは、健康管理に役立つことがわかっています。抗酸化成分は、単独よりも相互作用によって効果を発揮するもの。下のような食品をおやつや食事の一部として取り入れることで、目の健康をサポートしましょう。

目の健康に役立つ抗酸化成分と多く含む食品

抗酸化成分	多く含まれる食品
アスタキサンチン	鮭、鯛　など
ゼアキサンチン	レバー、卵黄　など
ルテイン	ケール、ブロッコリー、かぼちゃ、人参、卵黄　など
ビタミンE	植物油、かぼちゃ、さつまいも　など
β-カロテン	人参、小松菜、大根の葉　など
ビタミンC	ブロッコリー、小松菜、かぶ菜、さつまいも、キャベツ　など

※犬が食べてもよいもののみ

体重管理のコツ

キャバリアがかかりやすい僧帽弁閉鎖不全症、膝蓋骨脱臼や糖尿病の予防に欠かせないのが「適正体重の管理」です。いったん太ってしまうと、その減量には時間と根気が必要になります。まさに「肥満は万病の元」、日ごろの食事管理で以下のことに気を付けて太りすぎを予防しましょう。

1日に摂取している総エネルギー量(kcal)

あまり意識せずに与えてしまいがちですが、おやつや歯みがきガムなども1日のエネルギーの一部になります。そのエネルギー量も計算に入れて、主食の給与量を決めます。

食事中のたんぱく質量

キャバリアの美しい被毛を保つには、高品質のたんぱく質を摂ることが重要です。食事中に必要なたんぱく質量は年齢や活動量によって異なりますが、ペットフードの保証分析値(※)で25～27%、手作り食では1日のエネルギー量の25～30%を目安に確保しましょう。

※保証分析値……ペットフードに含まれる成分を示したもので、ラベルに明記されている。

食事中の脂質量

キャバリアは脂質代謝が弱く、そのことが目の病気や肥満のなりやすさにも影響を与えています。高脂肪の食事は犬にはおいしく感じられるので嗜好《しこう》性が高いのですが、キャバリアの体質には適していません。かと言って脂肪が低すぎる食事は、栄養の吸収率に影響を与えてしまいます。ペットフードでは保証分析値で12～15%、手作り食では1日のエネルギー量の18%前後を目安にすると良いでしょう。

「L-カルニチン」とは?

肝臓でアミノ酸から合成されるアミノ酸の一種で、脂肪の燃焼に重要な役割があります。また、タウリンと同様に心臓の働きにも必要な栄養素です。羊肉、牛肉、豚肉、鶏肉の順で多く含まれますが、肉には脂肪も含まれるため、食事全体のバランスを見ながら取り入れましょう。

キャバリアのダイエット

**食欲旺盛なキャバリアは、肥満になりやすい犬種の1つ。
太ってしまった場合はダイエットの必要があります。**

1

**自分の犬が適正体重なのかどうかわかりません。
どんな方法でチェックすれば良いですか?**

見た目とさわった感覚の両方で判断します。上から見たときは「ウエストがくびれている砂時計型」、横からは「しっぽに向かう腹部の右上がりのラインには少し皮下脂肪があるものの、肋骨を感じる肉付き」が一般的です。しっぽの付け根の肉がつまめる場合は、太り気味です。

2

**フードは適正量を与えているし、
毎日しっかり散歩させているのに
太ってしまいました。
どうしてですか?**

「適正量」とはフードラベルに記してある体重に対する給餌量だと思いますが、これがすべてのその体重の犬に対する適正量とは限りません。適正量は運動量や環境、健康状態などによってそれぞれ異なるため、必要量より多い可能性があります。また、飼い主さんが考えている適正量は、実際に計量してみると多い場合がよくあります。さらにおやつを与えるため、総合摂取エネルギーがはるかにオーバーするケースもよく見られます。

3 犬はどれくらいの期間をかけてダイエットするのが良いですか?

健康的な減量の平均は、1週間「現在の体重の1.5%減」が理想です。そのため理想体重より15%重いだけでも、8～9週間が必要となります。減量効率に関しては、犬の大きさによる違いよりも、犬種、性別、不妊・去勢手術の有無による基礎代謝や脂肪消費能力の違いが関係すると考えられます。

4 キャバリアのダイエットに好ましいのはどんなフードやおやつですか?

最も効率的に減量できるのは、やはり減量用に作られている療法食です。単にエネルギーを低く設定するだけではなく、減量に必要な体を作り、その働きをサポートする栄養素で構成されているからです。さらに、腸内環境の健康が維持できる範囲で空腹感を覚えにくい食物繊維の量と構成で、犬にストレスがかからないような工夫もされています。このようなフードを与えるならば、減量期間のおやつはそのフードを利用するのが、最も摂取エネルギーをコントロールできる方法です。ほかには、野菜、果物、手作りのチキンスープなど、エネルギーや栄養構成にあまり影響を与えないものが理想的です。

5 減量するためにはフードやおやつをどのくらい減らせばいいですか?

肥満は摂取エネルギーが消費エネルギーよりも多いため生じるので、減らす前に現在与えている「エネルギー量」が適しているかどうかを評価します。そして減量のために必要なエネルギー量を計算し、おやつを与える場合はその10%以内にしましょう。その分を必要なエネルギー量全体から差し引いて、減量に必要なフードとおやつの量を割り出します。どのくらい減らすかをきちんと計算してからスタートしないと、必要な栄養が不足してしまう危険性があります。

1週間の減量の目安はどれくらいですか?

多すぎても
少なすぎても
ダメ！

6

リバウンドを起こさないために、1週間に体重量の1～2%ほどと考えられています。しかし、1%だと変化が見えにくいため飼い主さんがストレスを感じ、2%だと空腹感などで犬がストレスを感じます。そのため「1.5%程度」を目安とします。たとえば体重8.5kgの犬の場合、1週間で127.5gの減量となります。

キャバリアの場合、ダイエット中はどのくらい運動させるのが良いですか?

7

運動量については、個体の健康状態や肥満度によりさまざまです。今まであまり運動をしていなくて筋肉量が少ない場合、急に運動を増やすと犬が疲れたり、かえって関節や心臓に負担をかける結果に……。そのため、体内でフリーラジカル（不安定な酸素分子）が増えて、細胞に障害を与えるデメリットがあります。運動量はその子に合わせて設定しなければなりません。

急に
運動させるのは
危険だよ！

ダイエットのためにフードの量を減らしたら、満足できないのか空腹を訴えてきます。解決策はありますか?

8

まず、徐々にフードを減らすことが重要です。急激に減らすと犬のストレスも急増します。また、ダイエットに必要な栄養構成、エネルギー量であるにも関わらず空腹感を生じる場合には、野菜や食物繊維が豊富なサプリメント、水分を多く含むおやつなどを利用すると良いでしょう。

9

ダイエットを始めて1か月近く経ちましたが、体重が減っていません。どうしてですか?

栄養評価を基に作成された減量プログラムに従って減量をスタートしたにも関わらず、まったく減量ができない場合は、甲状腺や肝臓での脂肪代謝に問題があるかもしれません。動物病院で健康チェックを行った上で、再評価してもらいましょう。

家族みんなで
取り組んでね

もしかしたら
病気の
可能性も…

10

ダイエットを成功させるコツは何ですか?

まずは、なぜ太ってしまったのかという原因を飼い主さんが把握すること。犬の健康上の問題なのか、それとも飼い主さんの食事の与え方や生活管理の仕方が問題なのかを理解することがファーストステップです。飼い主さん側の問題である場合は、家族みんなで共通の見解を持って行わないと、なかなか減量は成功しません。また、短いゴールをいくつか作り、飼い主さんが達成感を味わいながら気長に取り組むことが重要です。

中医学と薬膳

体質改善に役立つとされる薬膳。
キャバリアの食事にも取り入れることができます。

薬膳の基礎

薬膳に
チャレンジするために
知っておきたい知識です。

中医学の考え方

自然界からいただく食物には、それを摂ったときに体の中で発揮する性質と働きがあります。性質は五性（寒、涼、平、温、熱）と呼ばれ、体を冷やしたり（寒涼性）温めたり（温熱性）、冷やしも温めもしない（平性）食物に分類されます。五味（酸、苦、甘、辛、鹹《かん》）は、実際に舌で感じる味に加えてその食物が持つ働きを表します。

動物の体は気《き》、血《けつ》、津液《しんえき》からなり、気は陰陽に、さらには五行（木、火、土、金、水）に分けて考えられています。五臓（肝、心、脾、肺、腎）とそれに対となる腑（胆、小腸、胃、大腸、膀胱）はそれぞれ

五臓・五行と相生・相克

その季節にたまった疲れをしっかり回復させ、次の季節を健やかに過ごすためにも薬膳が役立ちます。

の行にグループ分けされています。五臓は臓器そのものを表すのではなく、それぞれの気をためる場所で、肝には肝の気、心には心の気、という風に五臓の気が貯蔵されています。

五臓はお互いに相生《そうせい》と相剋《そうこく》という関係を持っていて、相生は親子関係にたとえられ、親が子を育てるように子の働きを正常化させる関係です。相剋は上司と部下にたとえられ、上司が部下の失敗を指導して正常な働きに導く関係です。それらはすべてバランスがとれていれば体全体を正常な健康状態に保ちますが、ひとたびバランスを崩すと五臓全体のバランスが崩れて不調を引き起こします。血は気と津液の一部と一緒になって体内を巡り、気はさまざまな場所にあって巡りを作るエネルギー源となっています。

中医学では、「自然界で起こることはそのまま動物の体の中でも同じことが起こっている」と考えます。夏の暑い気候のなかでは体の中も暑くなり、血は栄養を含んでいますので熱くなるとなかなか冷ますことが難しく、五臓の中で血脈を主《つかさど》っている心がめいっぱい働いて疲弊してしまうのです。夏と秋とのあいだにある「長夏」と呼ばれる湿度の高い季節には、体内でも湿気が増します。長夏は湿度の高い状態が苦手な脾がとても疲弊する時期で、不調が起こりがちになります。

たまった疲労を回復する

ここ数年、夏の暑さは尋常ではなく、お盆を過ぎるとそれまでの気候に耐えてきた体に疲労がたまり、それが不調として

体の中のバランスを薬膳で整えることができるんだね！

現れやすいものです。五臓のなかでもとくに心と脾は相生の関係にあり、お互いに影響しあっていてどちらかがバランスを崩すと相生の関係もバランスを崩します。犬も同様で、キャバリアのなかにはお盆を過ぎると食欲がなくなったり、下痢《げり》をするという子も少なくありません。いわゆる〝夏バテ〟という状態に似ているかもしれません。

そんな時期におすすめなのが、リュウガンという食材です。中医営養学的に見てみると、性が温でそれを食べると体を温める性質を持っていますが、生姜やにんにくのように食べてすぐにわかるほどではなく、その性質は穏やかです。食物には「帰経（きけい）」といって体の中に入ったときに五臓六腑のいずれかに優先的に作用するシステムがありますが、五臓のなかでは心と脾に帰経して気と血を補う働きがあります。リュウガンは疲弊しがちな心と脾の気を補い、心脾両虚（心血と脾の気が共に枯渇した状態になること）のときに使用される食物です。さらに、気血を補って疲労を回復してくれる、まさに愛犬のごはんに取り入れたい食物です。

乾燥リュウガンは皮がついたまま乾燥させたものが一般的で、独特の香りがします。料理や薬膳茶には外側の皮をむいて真ん中にある大きな種を取りのぞいて使用しますが、皮も種も取りのぞいた状態で乾燥させたものも売られています。いずれにしてもドライフルーツですので甘い味がして、犬も好むことが多いのですが与えすぎには注意しましょう。少量で十分その恩恵にあずかることができます。また、甘いものにはカビが生えやすく虫がつきやすいという特徴があるので、高温多湿を避けるなど、保存方法には注意する必要があります。

薬膳は本来先を見て養生するものですが、前の季節の不調を次の季節に持ち込まないための大切な食養生でもあります。とくに季節の変わり目は小さな体調の変化も見過ごさず、薬膳をうまく取り入れて元気に過ごしたいものです。

※愛犬に異常を感じたら自己判断せず、まず動物病院で診察を受けましょう。

乾燥リュウガン

漢方や薬膳で使われることが多い果実で、ライチに似ている。乾燥させたものは独特の香りがあるのが特徴。薬膳に用いる際は水で戻して使用。補血、疲労回復といった効果があると言われている。

薬膳レシピ

手軽に取り入れられる
主食やトッピング、
おやつのレシピです。

豚肉の養心チャーハン

血にたまった熱を取り、同時に巡りを意識した、
五臓のなかでもとくに心を養うチャーハンです。

食材の中医学的解説

豚肉
甘／平（脾胃）

気と血を補い血の巡りを良くします。脾の働きを健やかにします。

卵
甘/平（肺脾胃心肝腎）

陰血を補い乾燥状態を潤します。

うるち米
甘/平（脾胃）

脾胃の気を高め、健やかにする働きがあります。

乾燥リュウガン
甘/温（心脾）

心と脾の気を補います。気血を補います。

セロリ
甘苦/涼（肝肺膀胱）

肝の働きを平にし、余分な熱を取りのぞきます。体内の湿気を排泄させて血の巡りを良くします。

ごぼう
辛苦/微涼（肺肝大腸）

余分な熱を取りのぞき、便の通りをよくします。腎を補います。

チンゲン菜
甘/平（肝肺脾）

血の巡りを良くして体の余分な熱を冷まします。脾の働きを健やかにして心の熱を取りのぞきます。

ごま油
甘／涼（肝大腸）

体を潤して便の通りを良くします。熱毒を取りのぞきます。

※参考…「現代の食に生かす　食物性味表」

豚肉の養心チャーハン

（材料）
作りやすい量
（標準的なキャバリアの2～3回分）＝全部で約420kcal

豚肉（赤身）……………100g
卵…………………………1個
冷やごはん………………100g
乾燥リュウガン…………4粒
セロリ……………………20g
ごぼう……………………20g
チンゲン菜………………20g
ごま油……………………少々
水…………………………少々

作り方

①豚肉は犬が食べやすい大きさに切る。
②冷やごはんと卵をよく混ぜ合わせておく。
③乾燥リュウガンは皮をむき、やわらかくなるまで水に浸けて中心の種を取る。
④❸とごぼう、セロリ、チンゲン菜を細かく刻む。
⑤フライパンに薄くごま油を敷き、余分な油はペーパータオルなどでふき取る。
⑥❺に豚肉を入れ、色が変わるまで炒める。
⑦❻に❷を入れ、卵に火が通るまで炒める。
⑧❼に❹のチンゲン菜以外を入れ、火が通ったら少量の水を加えて全体になじんだら火を止める。
⑨❽にチンゲン菜を入れ、余熱で火を通す。

乾燥リュウガンのパンケーキ

心の熱を取り、穏やかな状態に導くパンケーキです。おやつにも、トレーニングのごほうびにも使えます。リュウガンによってほんのり甘くなるので、飼い主さんも一緒においしく食べられます。

（材料）
作りやすい量
（1枚＝約50kcal）※キャバリアの適量は1日1枚まで

乾燥リュウガン…………8粒
小麦粉………………150cc
牛乳…………………100cc
卵………………………1個

作り方

①乾燥リュウガンは皮をむき、やわらかくなるまで牛乳に浸して中心の種を取る。
②❶を細かく刻む。
③小麦粉に卵と❶の牛乳、❷を加えてよく混ぜる。
④テフロンのフライパンまたはホットプレートに❸を1/8に分けて丸く流し入れ、弱火～中火程度で焼く。
⑤火が通り、表面が乾いてきたら裏返す。
⑥串などを刺して生地が付かなければ焼き上がり。
⑦焼けたら皿に移して粗熱を取る。

食材の中医学的解説

乾燥リュウガン
甘/温（心脾）

心と脾の気を補います。気血を補います。

小麦
甘/涼（心脾腎）

心を養い余分な熱を取りのぞきます。腎を補います。

卵
甘/平（肺脾胃心肝腎）

陰と血を補います。

牛乳
甘/平（心肺）

虚労状態を補強します。胃を補い津液を生じます。

リュウガンのミルクシェーク

疲れた体にやさしい、心と脾を労わるミルクシェークです。ドライフードのトッピングや、水で薄めておやつとして使用できます。飼い主さんもシリアルにかけるなどして一緒に食べられます。

（材料）
作りやすい量
（大さじ１杯＝約10kcal）

乾燥リュウガン…………5粒
バナナ……………………1本
ヨーグルト…………大さじ2
牛乳……………………200cc

作り方

①バナナは皮をむき、ひと口大に切る。
②乾燥リュウガンは外側の皮をむき、実がやわらかくなるまで浸水させてから中央の種を取る。
③❶、❷、ヨーグルトと牛乳をジューサーに入れ、リュウガンの粒がわからなくなるまで回す。

食材の中医学的解説

乾燥リュウガン
甘/温（心脾）

心と脾の気を補います。
気血を補います。

バナナ
甘/寒（肺脾胃大腸）

体にたまった余分な熱を取りのぞきます。肺を潤して便の通りを良くします。

ヨーグルト
甘酸/平（肺脾大腸）

陰を補い、津液を生じさせて喉の渇きを解消します。胃の働きを調えて腸を潤し、便の通りを良くします。

牛乳
甘/平（心肺）

虚労状態を補強します。
胃を補い津液を生じます。

おいしいごはんで元気になれる一石二鳥なんだなぁ

Part6

シニア期のケア

犬の長寿化に伴い、今や10歳以上のキャバリアも珍しくありません。シニア犬のケアや介護についての情報や知識が必要になってきています。

シニアにさしかかったら

7歳を過ぎるころから、少しずつキャバリアの体に変化が現れます。体調をよく観察してあげましょう。

3つのシニア期

シニア期は長いので、分けて考えたほうが良いでしょう。

犬の場合、だいたい7歳がシニア期との分かれ目のように言われることが多いようです。しかしひと口に「シニア」と言っても、一般的には7歳から15歳以上までという幅広い年代を指しています。これは、人間に言い換えれば「40歳以上」というくらい広い範囲を指す言葉。40歳と60歳、80歳ではまったく状況が違います。犬も同様で、15歳という高齢になっても元気に公園やドッグランを駆け回るキャバリアもいれば、まだまだ若いと思われる7歳でもまったりしているのが好きな犬もいます。

「シニア（senior）」という英語のもともとの意味は「年長者・先輩・上級者」などで、特定の年齢層やお年寄りを意味しているわけではありません。ですから「シニア」を年齢だけで判断するわけにはいかないのです。

そこでおすすめなのが、「シニア」を3つの時期に分けて考えるということです。まずは老化現象が出始める「シニア前期」、次に誰が見ても高齢であるとわかる「シニア期」、そして身体機能が著しく低下した「シニア後期」です。ここではシニアをこのように分けて考えていきましょう。

まずは、次ページの「シニア判定表」で愛犬の状態をチェックしてみてください。より多くの項目にチェックが入ったところが、現在の愛犬のシニア度を表しています。

シニア後期になると、寝ている時間が長くなることが多くなるようです

●シニア判定表●

年齢の目安	症　状
① シニア前期（7～9歳）	□ 目が白っぽくなった □ 白髪が目立つようになった □ 散歩（とくに後半）で動きが鈍くなった □ 今まで平気だった段差を飛び越えられない □ 歯石が付き、口臭がする □ 全体的に毛づやが悪い □ 頑固になり、言うことを聞かなくなった
② シニア期（10～12歳）	□ 腰や太ももの筋肉が落ちて細くなった □ 食事のスピードが遅くなった □ つまずくことが多くなった □ 立ち上がる動きが遅い □ 遊びやオモチャに興味を示さなくなった □ よくものにぶつかる □ 呼ばれても知らん顔をしている □ 便や尿を漏らしやすくなった
③ シニア後期（13歳以上）	□ 顔にハリがなく、表情が穏やか □ うまく歩けなくなった □ 大きな音にも反応しなくなった □ よく寝るようになった □ 夜中に鳴き続けるようになった □ よく食べるのに太らない

体と行動の変化

年齢を重ねると、
さまざまな変化が
起こります。

❶ シニア前期

シニア前期は、動きは活発で年齢を感じさせませんが、確実に老化は進んでいます。動物病院で定期的なチェックや心臓の検診を受けることをおすすめします。この時期の変化は、毎日一緒に過ごしている飼い主さんにはかえってわかりにくいかもしれません。若いころの写真と見比べたり、たまに会う友人に聞いてみたりするのが良いでしょう。

❷ シニア期

シニア期に入ると、白髪が出てくる、動きが鈍くなるなど、老いがはっきりと目に見えるように。それまで一気に駆け上がっていた階段を上がるのをためらったり、散歩中に転んだりすることが増えたりといった変化も見られます。内臓の老化も進むので、半年に１回は動物病院で検診を受けて、病気の早期発見に努めましょう。

❸ シニア後期

シニア後期は、動作が鈍くヨボヨボとした感じになり、１日の大半を寝て過ごすようになって介助が必要になる時期です。食欲があっても筋肉が細くなり、体重も減少しがち。いつもおとなしいので、老化現象と病気の症状との区別が難しくなります。

快適に過ごすために

それぞれの段階に
合わせた対応を
確認しましょう。

❶ シニア前期

老いを感じ始めても、急に生活習慣を変える必要はありません。食事やおやつを増やしたり、運動量を減らしたりするとすぐに肥満になるので要注意。関節の衰えを防ぐために、体を動かす遊びをうまく取り入れてください。長時間の運動を1回やるより、短時間の軽い運動を何回も行うほうが効果的とされています。

また、シニア犬は急に生活のリズムが変わると対応しにくいものです。たまの休日に突然いつもより長い散歩をしたり、散歩の時間を変えたりするとペースが狂ってしまうので注意してください。

❷ シニア期

老化現象がわかりやすくなる時期です。老化は一度に全身に起こるのではなく、筋肉や関節、目や耳、消化器や呼吸器など、それぞれの臓器に個別に現れます。どの部位にどんな変化が出ているかを見て、ケアの方法を考えましょう。この時期に大切なのは食事。栄養バランスを考えたフードを選び、おやつは控えめにしてください。

関節が硬くなって転ぶことが増えるので、床に滑り止めシートを敷いたり、壁際にクッションを置いたりして、愛犬が転んでも床や壁で頭を打たないような対策をしましょう。とくに、いつも寝ている場所付近の安全を確保することが大切です。階段にはバリケードを付けて落下防止を。

❸ シニア後期

状態に応じたケアが必要な時期です。犬によっては、歩行や食事も人の手助けが必要になるかもしれません。細やかな体調管理が必要になるので、獣医師と相談しましょう。動物病院にはケア用品があり、シニアの扱いに慣れたスタッフもいるので、アドバイスがもらえるはず。飼い主さんだけで抱え込まず、早めに相談してください。

関節に痛みが出始めると、さわられることを嫌がります。しかし、体を動かさないと衰えてしまうもの。「ゆっくり寝かせてあげたい」という飼い主さんの気持ちもわかりますが、愛犬のためにも、ときどき起こして、やさしくマッサージをしたり立たせて歩かせたりするようにしましょう。

気を付けたい病気

シニアになると、
かかりやすい病気も
増えていきます。

少しでも
心配なことがあれば、
動物病院を
受診しましょう

歯石

歯に歯石が付くことで、口腔環境の悪化だけでなく、心臓や腎臓に悪影響を与えるケースもあります。シニア犬のなかには抗がん剤治療を行っている犬もいますが、治療中の犬は細菌に対する防御能力が低くなります。歯石には多くの細菌が付いているので、抗がん剤を服用している犬だと感染の危険が高まります。

対策

歯ブラシを使った適切な歯みがきがいちばんの予防。子犬のころから、口周りをさわられる、歯みがきをされるといったことに慣らしておくことが重要です。

免疫力低下

免疫力とは、生物が細菌やウイルス、アレルギー物質などから身を守るための力で、病気に対する抵抗力でもあります。免疫力が低ければ、どんな薬を与えても、手術や処置をしてもあまり意味を成しません。免疫力は、加齢に伴って低下します。一部の漢方薬やサプリメントに免疫力を高める作用があると考えられていますが、完全なものではないでしょう。

対策

人間の免疫力を高めるのに効果的と言われている、「ストレスフリーな生活」、「バランスの良い食事」、「適度な運動」は、犬の免疫力向上にも必要不可欠。愛犬との生活でも、この3つを心がけてください。

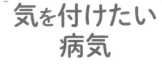

認知症

「周囲への無関心」が初期症状の1つ。よく寝るようになり、そのほかの病気の症状も現れにくくなります。こうなると病気の発見が遅れ、早期治療のタイミングを失ってしまうことにもなりかねません。

対策

認知症予防には、毎日朝日に当たりながら散歩をするのが有効です。朝日に当たることによって脳内にセロトニンなどの活性物質ができるだけでなく、適度な運動によって脳内の血流を維持し、ほかの動物のニオイや犬好きの人の声がけなどに反応することで脳が活性化します。

肥満

理想体重を20%以上オーバーした状態が肥満です。キャバリアはもともと体脂肪率が高い犬種ですが、肥満状態が長く続くと心臓や関節、肝臓などに負担をかけます。とくに高齢になると心臓や関節が弱ってくるので、肥満状態だと症状の進行がさらに早く、重症化しやすくなります。また、肥満の動物の手術はより難しくなるもの。麻酔のかかりと醒めも悪いほか、腹部の手術では内蔵脂肪によって臓器が見つけにくく、出血が多くなってしまうこともあります。

対策

肥満を予防するには、カロリー計算をした適切な食事と、30分以上の持続的な散歩が有効です。

寝ていることが
増えるので、
必要なエネルギー量も
低下します

PART 6 シニア

シニア・ライフ 4つのポイント

シニア犬のケアには、できるだけ負担をかけないような工夫が必要です。

その1 食生活

8歳を過ぎたら、これまで与えていたフードから徐々にシニア用フードに切り替えていきましょう。当然ながらシニア用フードは、栄養学的な観点から見てシニア犬に合わせて作られています。ただし「シニアだから低たんぱく」、「低塩分にさえすればOK」など、あまりに偏った食事は危険です。栄養は、バランス良く良質なものを適度に摂ることが最も重要だということを覚えておいてください。

ペットフードは数え切れないほどの種類が販売されているので、飼い主さんはどれが愛犬にぴったりなのか悩むことでしょう。フードの質と価格は比較的比例しますので、安価すぎるフードは少し注意したほうが良いかもしれません。きちんとした実績のある（一般的に認知度が高い）メーカーのものなら間違いはないはずなので、フード選びの際は参考にしてみてください。

また、動物病院で処方される療法食は、シニア期の栄養基準も十分に満たしているものが多くあります。これまで食べさせていた療法食をそのまま与え続けて問題ないことがほとんどですが、念のためかかりつけの獣医師に食事について日ごろから相談しておくのがおすすめです。

肥満による生活への悪影響（咳や関節炎症状など）もシニア期に現れることが多く、適切な食事管理は若いころ以上に重要となります。

その2 運動

「シニアには体に負担をかけないように、運動をあまりさせないほうがいいのでは?」という飼い主さんも多いようですが、それは誤解です。シニア期も運動することはとても大切。どうしても「自発的な運動量が低下してくる→徐々に筋肉量が減少する→関節に負担がかかることで違和感や痛みが出る→さらに運動量が低下」という悪循環に陥りがちなので、注意してあげてください。と言っても、ボール投げや全力でダッシュするといった激しい運動でなくてＯＫ。小走りまたはふつうの速度で毎日30分程度歩いたり、ゆるやかな坂道を上ったりするような運動をして、筋肉量を維持しましょう。

　また、少量のおやつも散歩中の楽しみのひとつとして、ぜひ取り入れてあげてください。飼い主さんと愛犬の双方が、運動をポジティブな気持ちで楽しむことこそが長続きの秘訣なのです。

　キャバリアは僧帽弁閉鎖不全症を抱えていることも多いので、運動量については愛犬の体の状態をよく知っている（これまで心臓の検査をしてもらってきた）獣医師と相談してくださいね。

その3 お手入れ

　じつは、キャバリアは比較的歯周病が進行しやすい犬種です。もちろんキャバリアに限ったことではありませんが、歯みがきの習慣は若いころからつけておくのが重要。それができていないと、シニアになってから自然と歯が抜けてしまったり、歯ぐきが膿んでしまったりといったトラブルが頻繁に起こるようになってしまいます。高齢になると、歯石を除去したり悪くなった歯の抜歯をする機会も増えてくるかと思いますが、処置後の良い状況を維持するためにも歯みがきは欠かせません。

　幸い、キャバリアはおやつが大好きな子が多いので、歯みがきに慣れないうちはごほうびとしておやつを与えながら、口の中をさわる練習から始めましょう。それをクリアした後は、歯みがきシートでのケア→歯ブラシを使った歯みがきと、段階的に挑戦していくのがおすすめです。

　また、耳掃除や爪切り、肛門腺絞り、ブラッシングといったケアを日常的に行っていると、体に異常が起きたときに早めに見つけることができます。とくに、皮膚の腫瘍などの早期発見のカギを握っているのは飼い主さん。体をくまなくさわっているうちに、しこりに気付くことも多いのです。このように、歯みがきをはじめとするケアやスキンシップをふだんから行うことは、病気の早期発見・早期治療のためにも大切です。

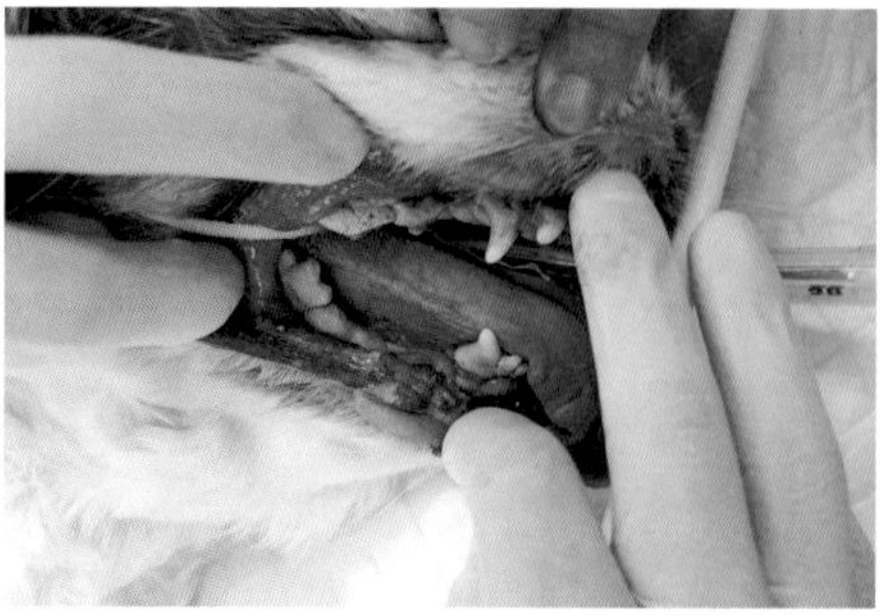

歯周病を患った犬の歯。このような状態で放置しているとどんどん重症化するので、口臭や歯ぐきの腫れといった異常を感じたときは動物病院へ。

その4

生活環境

シニア期は関節疾患を抱えたり筋肉量が低下したりと、足腰にかかる負担が増す時期です。今は床がフローリングのご家庭も多いですが、滑りやすいので症状の悪化につながりやすいことを覚えておいてください。対策として、しっかりと踏ん張れるようにコルクマットやカーペットなどを敷くのがおすすめです。最近では滑り止めとしてフローリング用のコーティング剤なども販売されていますので、そういったものを活用するのも良いでしょう。

年齢を重ねると温度の変化に対しても敏感になるので、夏や冬のとくに気温が高い／低いときは室温の管理にも注意が必要です。

シニア期になると、
若いころ以上に
周囲の環境が健康に
かかわってきます。
温度・湿度など、愛犬が
過ごしやすいように
こまめにチェックして
あげてください

シニアのお手入れ

**愛犬の体力・気力に応じて、
負担が少なくなるよう工夫してあげましょう。**

お手入れの3つのポイント

体力を
消耗させないように
しましょう。

ショート・スタイルも視野に

風になびくつやつや&サラサラの被毛はキャバリアの大きな魅力。でも、その美しさをキープしようとすると、毛の長さに比例してお手入れの時間がどうしても長くなります。シニア犬の場合、ボディは短めにカットするなど、犬の負担を軽くするための工夫も必要です。

ただ極端に短くすると、皮膚に尿が付くなどして皮膚トラブルを引き起こすことも。獣医師やトリマーと相談して、愛犬の体質や状態に合ったスタイルを考えましょう。

疲れさせないことを第一に

愛犬の体力が落ちてきたと感じたら、お手入れの方法自体を見直してみましょう。ブラッシング、シャンプー、乾かしなど、飼い主さんは「いつもと同じケア」をしているつもりでもシニア犬にとってはひと苦労なんてこともあるはずです。

シニア犬のお手入れは、短時間で終わらせるのが鉄則。いちばん重要なのは犬を疲れさせないことです。一度にあれもこれもしようとせず、愛犬の体調に合わせてできる範囲のお手入れを行えば十分です。

五感の衰えに配慮し怖がらせない工夫を

加齢とともに犬の五感は衰え、筋力が弱まって体の動きも鈍くなります。また視覚や聴覚が低下すると、周囲からの刺激を感じにくくなります。そのため危険を察知できなかったり、逆に過剰に反応したりすることも。

大切なのは、「安全確保」と「怖がらせないこと」。犬が安心できる環境で、やさしくお手入れをするのが基本です。終わったらごほうびをあげるなど、ご機嫌をとって嫌なイメージを残さないのも忘れずに！

最長10分で終わらせる!

健康な犬でも、シニアならシャンプーはできるだけ手早く！　体を濡らしてからすすぎまで、10分以内に終わらせるつもりでやりましょう。

シャンプーのコツ

シャンプーが
目や口に入らないように
しましょう。

こする手順を省略

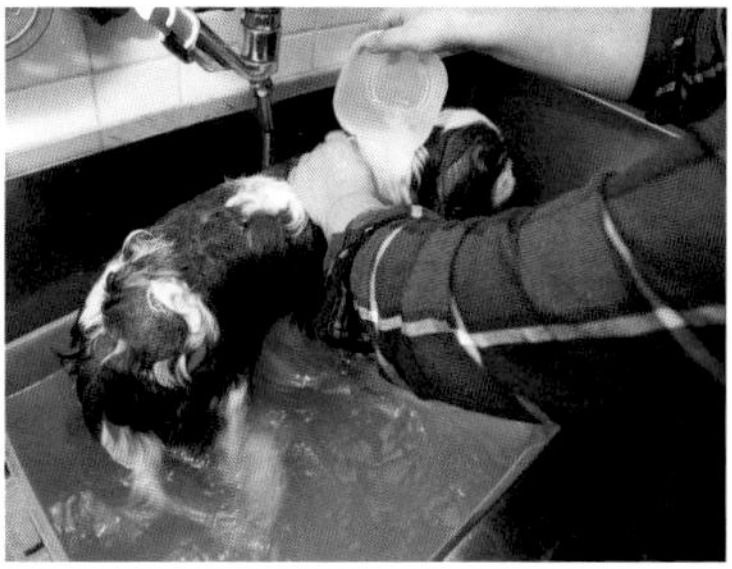

①まずたらいなどにお湯をため、少量のシャンプー剤を入れます。
②犬をたらいに入れ、手おけなどでシャンプー剤入りのお湯をやさしくかけると、皮膚や被毛をこすらなくても汚れが落ちます。
③シャンプー剤入りのお湯を捨てて再度たらいにお湯を入れ、②と同様にお湯をかけながらすすぎます。

体力がない犬は部分洗いを

とくに体力が落ちている犬は、全身を濡らすのを避け、お尻やお腹など汚れやすい部位だけにお湯をかけてもかまいません。

お湯をかけるだけでもOK

①体力がない犬は、洗う工程を省略してもOK。まず体の下にお湯がたまらないように、すのこの上に楽な姿勢で寝かせます。
②シャワーでやさしくお湯をかけます。

乾かしのコツ

できるだけ
楽な姿勢で
行いましょう。

タオルドライはていねいに!

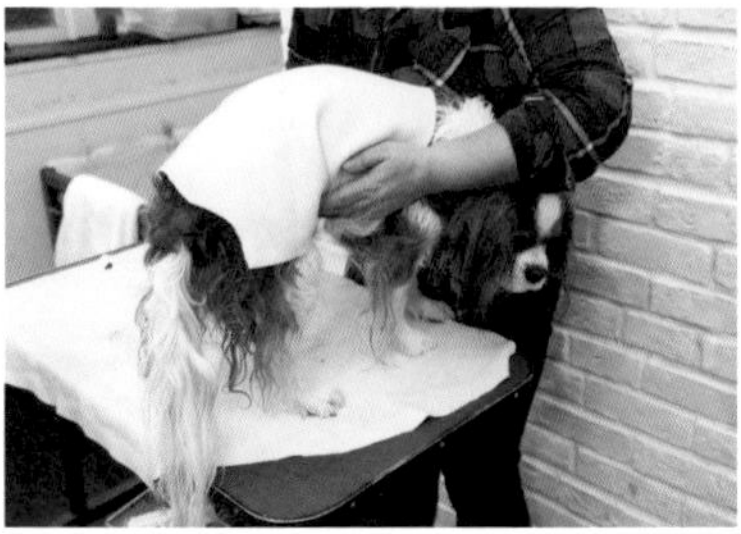

体力を消耗させないためには、ドライヤーをかける時間を短くするのがポイント。吸水性の高いタオルなどを使い、しっかりと水気をふき取ります。

体に負担をかけない姿勢で

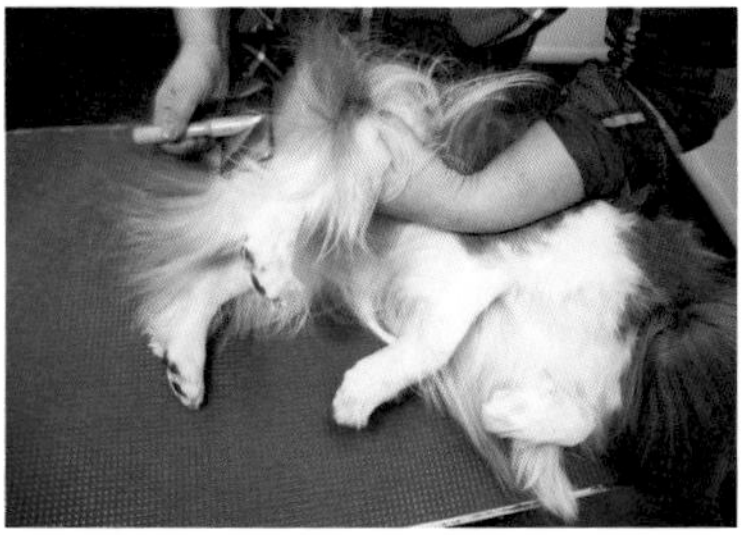

自力で立てない犬や体力が落ちている犬は、乾かす部位に応じてフセや横向きの姿勢をとらせます。

乾かすのはお腹から

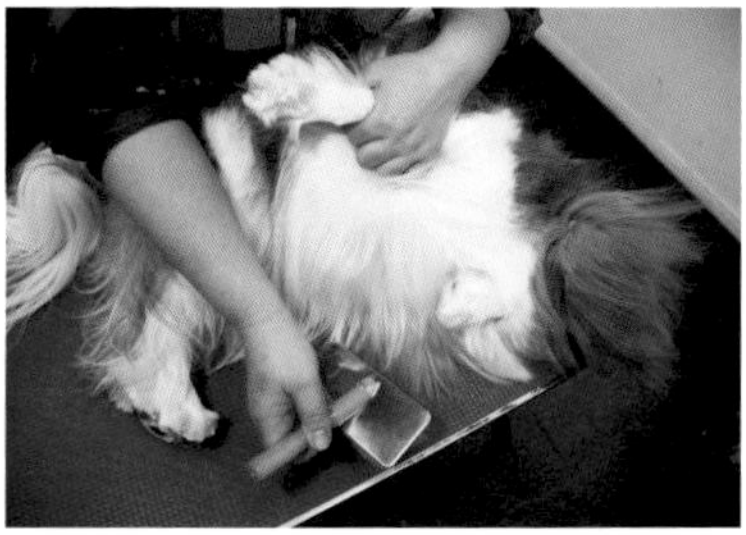

体が冷えないように、お腹からドライヤーをかけ始めましょう。

熱いと感じても
自分で体を動かせない
ことがあるので、
同じ部位に風を
当て続けるのは×

風の温度と強さに注意

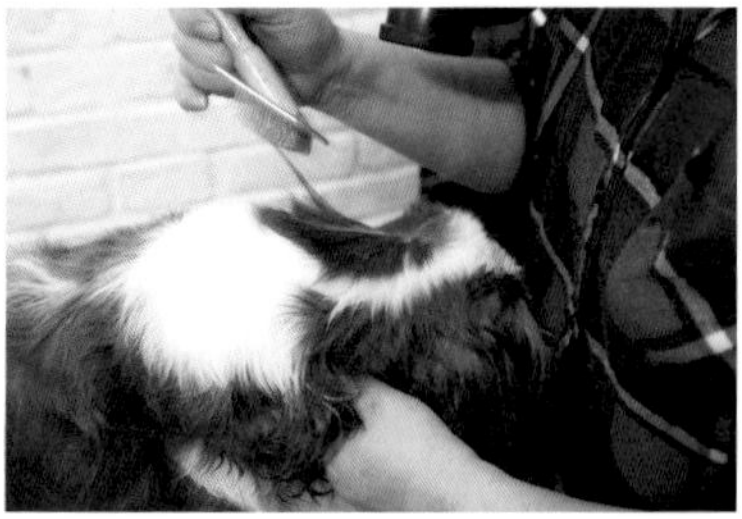

風の温度や強さは、犬が嫌がらない程度に調節します。ただし、風を弱くすると乾ききるまでに時間がかかるため、かえって疲れさせてしまうことも。そのときの犬の状態を見て判断しましょう。

ブラッシングのコツ

膝の上で行うのが
安心です。

台などに乗せていると、犬の視力が低下したり体の動きが不自由になったときに落ちたりすることがあります。ブラッシングなどは、飼い主さんの膝の上で行うと安心です。

歯みがきのコツ

飼い主さんの手も
活用しましょう。

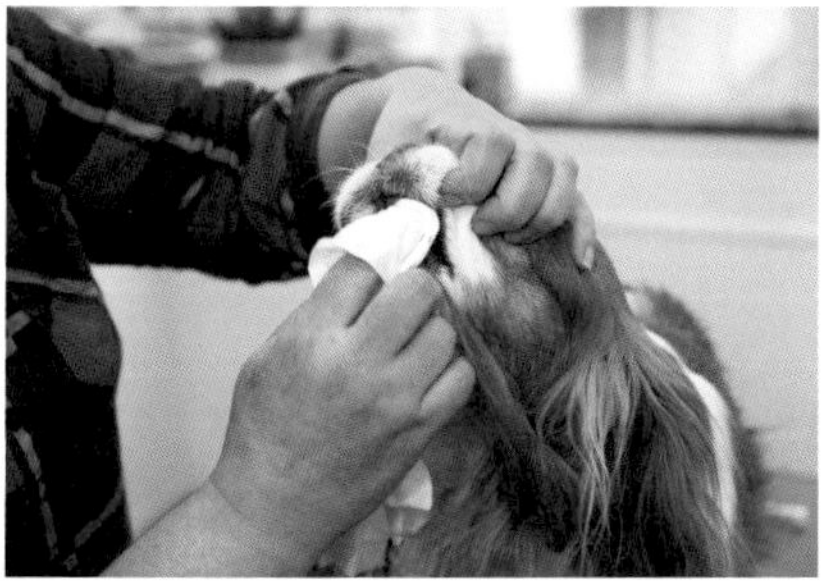

歯ブラシを使うのが基本ですが、加齢であごがもろくなっている犬や歯みがきを嫌がる犬なら、ガーゼやティッシュを自分の指に巻いて歯の表面を軽くこするやり方でも良いでしょう。

目の周りのケアのコツ

目やにはこまめに
ふくようにしましょう。

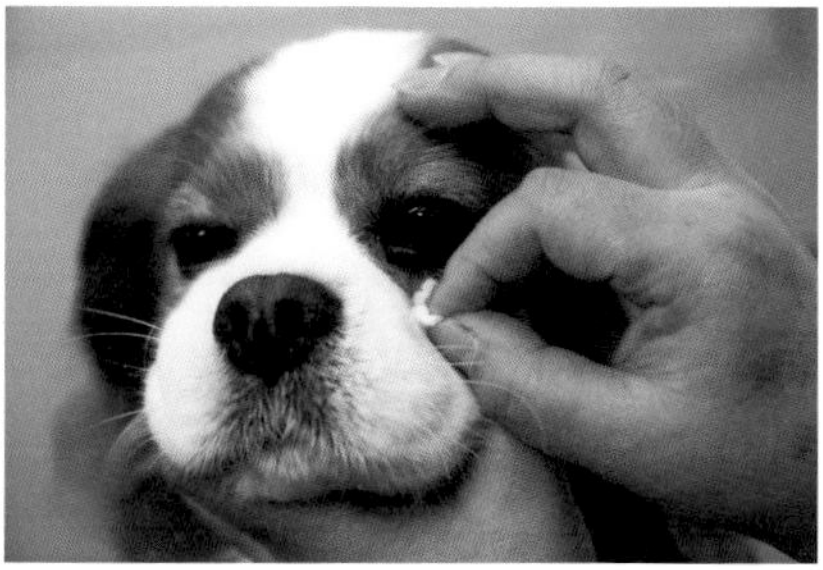

シニアになると、自然と目やにが増えてきます。そのままにしておくと皮膚トラブルの原因になるので、水やぬるま湯で湿らせたコットンでこまめにふき取るようにしましょう。

キャバコラム
3

介護の心がまえ

人間と同じように、犬もこれから介護の必要性が
高まっていくはずです。
早いうちから考えておきましょう。

歩行困難、トイレの失敗、無駄吠えの増加などが見られたら、介護スタートのサインとなります。愛犬の介護を経験した飼い主さんへのアンケートでも、「トイレの世話と歩行補助がいちばん大変」との結果が出ています。

介護はいったん必要になると毎日続けなければならず、飼い主さんは生活ペースが乱されるので大変です。しかしいちばん困っていたり、ストレスを感じているのは犬自身。家族の一員になった日から、愛犬にはたくさんの愛情や思い出をもらってきたのですから、感謝の気持ちを込めてできる範囲で最高のケアをしてあげたいものです。犬は飼い主さんのイライラ（負の感情）を敏感に察知して傷付くこともあるので、ひとりに負担がかかりすぎないよう、家族みんなで協力・分担して行いましょう。

また、何事も「備えあれば憂いなし」と言うように、介護生活に向けて若いうちからできることを実践してください。まずは、栄養バランスの良い食事で基礎的な体力・生命力を高めて、運動もしっかりして筋力をつけておくこと。いざ介護が必要となったときに世話しやすいよう、日ごろから信頼関係を作り上げておくことも大事です。抱っこやブラッシング、爪切り、歯みがきなども、若いうちから愛犬がすんなり受け入れられるようにしておくといいですね。

介護はがんばりすぎないことも大事。手助けを頼める人がいたらお願いしましょう。

キャバリアとのしあわせな暮らし

+αのコツ

ペット保険の選び方

いざというときのための、ペット保険の基本について解説します。

ペット保険とは

ペットには公的な保険制度がないので、医療費はすべて飼い主の自己負担となります。ペット保険に加入すると、毎月保険料を支払う代わりに、ペットが動物病院にかかったときに保険金を受け取れて、医療費の負担を軽減することができます。

ペット保険に加入していれば、愛犬の体調に異変があったときに動物病院へ連れて行きやすくなるでしょう。病気やケガの早期発見につながりますし、治療の選択肢も広がるかもしれません。

ペット保険の最近の傾向

ペットの高齢化に対応した商品が増え、ここ数年で加入年齢の上限が上がってきています。また、シニア向けのプランも販売されるようになりました。

さらに、付帯サービスのバリエーションも増えているようです。契約者だけが利用できる獣医師による健康相談ダイヤルが設置されていたり、腸内フローラ検査が行えるなど、多種多様なサービスがありますので、愛犬の健康管理に活用できそうなものをチェックしてみましょう。

※掲載内容は2021年8月時点のものになります。

ペット保険選びの 5つのポイント

1 補償内容

ペット保険の補償内容は、大きく分けて次のふたつのタイプがあります。

●入院・手術・通院のすべてを補償するフルカバータイプ

手術や入院を必要としない通院治療から補償されるタイプです。もちろん、手術や入院をした場合も保険金が支払われます。

●入院・手術のみを補償するタイプ

動物病院で入院・手術をしたときに保険金が支払われるタイプで、通院は対象外です。一部、日帰り手術を含まず「入院を伴う手術」に限定している会社や、入院も含まない「手術のみ」のプランを扱う会社もあります。

*

ふたつのタイプを比較すると、入院・手術のみを補償する保険は一般的にフルカバータイプよりも保険料が割安な傾向があります。また、入院・手術に特化しているので、手術したときに受け取る保険金の上限額がフルカバータイプよりも高いことが多いようです。

通院治療だけでも保険金を受け取りたいのか、手術や入院を伴う高額な医療費がかかるときに受け取りたいのかを考えて保険のタイプを選びましょう。

2 補償割合

ペット保険の保険金は、動物病院でかかった治療費に合わせて支払われる仕組みになっています。治療費に対する保険金の割合は、商品やプランによって違いますが、50%と70%のものがほとんどです。さまざまなプランがありますが、補償の割合が高くなればなるほど保険料が高くなる傾向があります。

3 支払い限度

補償割合とは別に、通院1日あたり、手

術1回あたりで受け取れる保険金額に上限が決められているものがほとんどです。また、年間で受け取れる保険金額の総額に上限を設けているものもあります。

保険会社やプランによっては、金額ではなく年間での通院回数や手術回数に上限が設定され、その範囲を超えると保険金が支払われないこともあります。

4 免責金額・最低支払額制限

ペット保険のなかには免責金額が定められているものがあります。免責金額とは、保険を請求したときに自己負担分として差し引かれる金額のことです。

免責金額は保険会社やプランなどによって異なります。免責金額に治療費が達しない場合は全額が自己負担となります。

また、保険によっては、かかった治療費が所定の金額以上にならないと保険がおりない「最低診療費」を設けていることがあります。

5 立替精算か窓口精算か

保険会社から保険金を受け取るには、次のふたつの方法があります。

●立替精算……動物病院で治療費全額を支払い、保険会社に保険金を請求すると、後日保険金が入金される。

●窓口精算……動物病院で保険の加入者証を見せると、治療費の総額からペット保険の保険金額が差し引かれた金額が請求される。

窓口精算ができる保険では、精算できるのは保険会社が提携している動物病院に限られます。契約前にかかりつけの動物病院が提携先になっているかどうか確認してみましょう。

例

補償割合70%、免責5,000円のペット保険で治療費が15,000円かかった場合

(治療費15,000円－免責金額5,000円)×70%＝7,000円

が保険金として支払われるので、自己負担額は8,000円となる。

契約時に注意すべき点

更新後の保険料を計算しておく

ペット保険は、基本的に1年ごとに自動更新されます。また、年齢が上がるにつれて保険料も上がるのが一般的なようです。最近は保険会社の公式サイトで、犬種や年齢を入力すれば保険料がわかるようになっています。現在の年齢から1歳ずつ足して入力してみて、翌年以降に愛犬にかかる保険料の総額を試算してみるといいでしょう。

なかには、保険料の更新が2～3年ごとだったり、所定の年齢のみに設定されている保険もあります。加入時にしっかり確認しておきましょう。

補償の「例外」を確認する

多くのペット保険では、先天的な病気や予防接種を受けておけばかからない感染症は補償の対象外です。また、ヘルニアの一部、膝蓋骨脱臼、歯科治療などは保険会社によって対象外になることがあります。

キャバリアの場合、心臓病を心配して保険に入る飼い主さんが多いと思います。現在販売されている保険では補償の対象となっている商品が多いですが、手術時の補償内容や上限金額などはさまざま。いずれにせよ、契約前に電話や窓口で説明を受けて確認しておきましょう。

また、契約から30日間前後は病気になっても保険がおりない「待機期間」が設定されている保険があります。がんについては待機期間が長いこともあるので、この点も確認が必要です。

愛犬がかかりやすい病気を知る

ペット保険の保険料は、犬種や年齢ごとの病気・ケガのリスクを考慮して決められています。愛犬がかかりやすい病気について調べておくことは、保険選びにも役立つでしょう。

ペット保険選びのアドバイス

ペット保険は、損得ではなく「安心のために保険に入る」という考え方で選んでみましょう。すべてに備えて補償を求めようとすると、家計の負担になってしまいます。「金銭面でも精神面でも安心できる保険」を目指し、愛犬に合わせて検討しましょう。

保険料・保険金額の一例

例　キャバリア・5歳　通院・入院・手術フルカバータイプ

	補償70%プラン	補償50%プラン
保険料（年払い）	約46,000円／年	約36,000円／年
保険料（月払い）	約4,000円／月	約3,000円／月
通院	1日あたり12,000円まで（年間約20日まで）	1日あたり12,000円まで（年間約20日まで）
入院	1日あたり30,000円まで（年間約20日まで）	1日あたり12,000円まで（年間約20日まで）
手術	1回あたり150,000円まで（年間2回まで）	1回あたり100,000円まで（年間2回まで）
補償限度額（年間）	最大約120万円	最大約70万円
保険期間	1年間（2年目以降自動継続）	1年間（2年目以降自動継続）

【監修・執筆・指導】

PART 1

勝山恵利子（West Rose）
鈴木美鈴（CUTIE PLANET）

PART 2

勝山恵利子
キャバリアレスキュー隊 東京

PART 3

田中浩美（DOG ACADEMIA）
鳴海 治

PART 4

下薗利依（国際動物専門学校）
神保奈美（NAMI DOG SALON）
石野 孝（かまくらげんき動物病院）

PART 5

船津敏弘（動物環境科学研究所）
鈴木周二（日本獣医生命科学大学）
枝村一弥（日本大学）
榎本拓也（苅谷動物病院グループ葛西橋通り病院）
奈良なぎさ（ペットベッツ栄養相談）
油木真砂子（FRANCESCA Care Partner）

PART 6

船津敏弘
榎本拓也
神保奈美

＋α

加藤梨里（マネーステップオフィス）

0歳からシニアまで
キャバリアとの
しあわせな暮らし方

Midori Shobo Co.,Ltd

2021年10月1日　第1刷発行©

編　者	Wan編集部
発行者	森田浩平
発行所	株式会社緑書房
	〒103-0004 東京都中央区東日本橋3丁目4番14号 TEL 03-6833-0560 https://www.midorishobo.co.jp
印刷所	廣済堂

落丁・乱丁本は弊社送料負担にてお取り替えいたします。
ISBN 978-4-89531-761-0
Printed in Japan

編集	山田莉星、木村千夏、堀越美沙
カバー写真	蜂巣文香
本文写真	岩﨑 昌、小野智光、蜂巣文香、藤田りか子
カバー・本文デザイン	リリーフ・システムズ
イラスト	石崎伸子、カミヤマリコ、加藤友佳子 くどうのぞみ、ヨギトモコ